上手な機械学習と統計的品質管理の使い方入門

JUSE-StatWorksによる
**これからのものづくりに必要な
両利きのデータ分析**

渡邉克彦［著］

日科技連

推薦のことば

　日本の品質管理には，顧客満足・トップのリーダーシップ・全員参加を重視するという理念があり，方針管理・機能別管理・日常管理といった品質経営のしくみがある．そして，それらを具体的に支えるために小集団活動が行われる．これは科学的活動でなければならないと強調される．すなわち，データにもとづいた判断が大切である．そのために統計的方法を用いた活動が必要となり，それを統計的品質管理（Statistical Quality Control：SQC）とよぶ．

　いま，世の中は混乱している．「品質が悪い」「品質不祥事」といったネガティブな言葉とともに品質管理が話題になり，"良い製品を作るシステム"という品質管理本来の意義が見失われかけている．

　SQC は地道に継続していくからこそ力を発揮するのだが，ビッグデータ・AI・機械学習といった言葉が氾濫し，即効性が求められ，大切なものがわからなくなっている．「SQC は古いから最初から機械学習を勉強するのがよい」と言う人がいる．しかし，機械学習はどの範囲の解析手法を意味しているのだろうか？　SQC と機械学習とは何が違うのだろうか？　巷にあふれる機械学習の書籍や解説文献のなかには，機械学習の手法の一部であるかのように重回帰分析・ロジスティック回帰分析をはじめとする従来の SQC 手法が取り扱われている場合がある．「整理が必要だ」と思う．

　本書の著者の渡邉克彦氏はトヨタ自動車㈱の技術者である．トヨタはかねてより品質管理のしくみを充実させてきた．比較的最近でも「次工程はお客様」を独自に実施するための「自工程完結活動」を提唱するなど，そのしくみを進化させている．トヨタの品質管理活動は名実ともに世界の模範である．それを支えているのは継続的に実施してきた SQC である．筆者自身もその活動を模範としてきた．渡邉氏は多くの優秀で誠実な先輩諸氏からの薫陶を受けて研鑽されてきた．筆者は，渡邉氏が本書を執筆されていることについて噂で知っていた．「整理が必要だ」と前述したが，渡邉氏ならそれをうまくできるだろう

なと感じていた．また，どのように整理されるのかを楽しみにしていた．

　そんな折，図らずも推薦のことばを寄稿させていただくことになった．

筆者は，本書を読ませていただいて，次に挙げる著者の視点を強く感じた．

- 従来の SQC の手法と機械学習の手法の特質を明確にする．
- 現代でも変わらない「SQC の手法の効用」を適切に説明する．
- 「機械学習の手法がなぜ必要なのか」を解説する．

トヨタのように SQC を風土として積み上げてきた場合には，上記のように整理した形で教育するのが理想だと思う．多変量解析法の知識をもっている一般の読者に対しても同様である．「渡邉氏なら上手に整理するだろうな」という筆者の予感は的中した．

　本書は，「ものづくりにおけるデータ分析」「データ可視化」「層別」「情報の要約」「予測」「分類」「外れ値検出」「相関分析」「総合演習」という章立てになっている．まさに機能別管理（機能で分類）となっている．そして，章末にちりばめられているコラムや補足は秀逸である．渡邉氏の長年のトヨタでの教育と社内コンサルタントの経験がにじみ出ている．

　本書は㈱日本科学技術研修所の統計解析ソフトウェア JUSE-StatWorks のガイドブックという性質をもっているので，このソフトウェアを操作できる読者が主な対象である．また，本書では数式をほとんど用いずに要点を言葉で解説しているので，手法の数理をより深く理解したい読者は，中上級の書籍を参照する必要がある．しかし，本書には「まず SQC との違いを把握したうえで機械学習の手法の特徴を摑んでほしい」「そしてとりあえずは使えるようになってほしい」「そのうえで次のステップに進んでほしい」という思いが込められていると感じる．

　本書で学ばれることをお薦めしたい．

2021 年 2 月

早稲田大学創造理工学部経営システム工学科

教授　永田　靖

まえがき

　トヨタ自動車では約70年間，統計的品質管理(SQC)を問題解決の有効な
ツールとして位置づけ，ものづくりにおける品質確保や技術力向上に活用して
きた．近年，IoTの発展により機械学習が注目され，SQCでは対応が困難で
あった問題の解決が可能となってきている．このように機械学習の登場で，さ
らなる問題解決力の向上が期待される一方で，両者は同じデータ分析手法であ
りながら生まれが違うなどの理由から，活用にあたっていくつかの課題が存在
している．そのなかの1つに「SQCで既に活用されている多変量解析法と機
械学習との役割分担」があり，これらの整理が求められている．

　筆者は，この「多変量解析法と機械学習との役割分担」というテーマで，
2019年12月に開催された「第29回　JUSEパッケージ活用事例シンポジウ
ム」(主催：㈱日本科学技術研修所)の特別報告として「品質技術力向上に繋げ
るSQCと機械学習のより良い使い方について」を講演した[1]．本書はその内
容をもとに書き下ろしたものであり，ものづくりにおいて国内で広く使われて
いる統計解析ソフトウェアJUSE-StatWorks/V5を用いて，目的や対象データ
に沿ってSQCと機械学習のより良い使い方，いわゆる「両利きのデータ分
析」を解説している．詳細な分析手順まで示しているので，読者の皆様に実践
で活用してもらい，出す成果を少しでも高いものにできれば幸いである．

　本書の読者対象は，主にSQCに触れている「ものづくりにかかわる実務
者」のなかで機械学習をこれから勉強してみたい方々である．とはいえ，「機
械学習を活用している実務者」のなかでSQCにも興味があるという方々にも
参考になるだろう．いずれにしても実務者に役立つことを第一に考えている．

　筆者は本書をまとめる際，以下の3つを意識した．

　　①　SQCおよび機械学習の優劣を論じるよりは，それぞれの優れた点を
　　　　目的に応じて使い分けできるような内容とすること

　　②　読者が両者の使い分けをより理解しやすくするため，具体的なデータ

を使ってデータ分析を体感できること．そのため，数式などの理論の記述は極力少なくした．

③　理論の記述を少なくする分，本書の内容を実務で活用する際に抑えておくべきポイントを示すこと(章末の「コラム」でも実践活用のコツや陥りやすい罠をまとめている)

　上記で「統計解析ソフトウェア JUSE-StatWorks/V5 を用いた」と書いた．これを読んだ読者のなかには「機械学習を活用するのに，どうして R や Python を使わないのか？」と思った方がいるかもしれない．もちろん，筆者には明確な理由がある．それは，JUSE-StatWorks が「プログラムを組む必要なく(ノンプログラミングで)手軽に Excel 感覚で活用できるソフトウェアだから」である．

　R や Python は，確かに有名かつ便利なオープンソースのソフトウェアである．しかし，これらは読者に一定以上のデータ分析とプログラミング力を要求する．ものづくりの世界は「ポストコロナ」の影響もあり，ただでさえ実務者にますます負担がかかる状況下にある．こうした点を考慮し，「手軽に両利きのデータ分析を知り，実践での活用に繋げてもらえる」と思えたツールが，JUSE-StatWorks だったのである．

　JUSE-StatWorks を使ったことのない方は，㈱日本科学技術研修所のウェブサイトから本書の内容に対応した無料トライアル版(扱えるデータは最大 30 変数 × 200 サンプル)を利用できる．また，上記のウェブサイトには JUSE-StatWorks の製品概要や活用事例なども掲載されている．本書を活用する際にはぜひ「目次」の直後(p.xii 参照)にある「JUSE-StatWorks/V5 総合編 & 機械学習編 R2 のご案内」を見たうえで，ダウンロードしてほしい．

　本書で扱う SQC 手法は「多変量解析法」を中心にした手法群が多く，機械学習の手法は多変量解析法の拡張版ともいえる「正則化回帰分析」「カーネル主成分分析」をはじめとした個々の手法を解説している(詳細は 1.2 節参照)．

　データ分析の目的として，「データ可視化(第 2 章)」「層別(第 3 章)」「情報の要約(第 4 章)」「予測(回帰)(第 5 章)」「分類(第 6 章)」「外れ値検出(第 7

章)」「相関分析 (第 8 章)」を挙げ，第 2 ～ 8 章で，それぞれに対応する SQC 手法および機械学習手法を並べて解説している．これらの理解度を図る集大成として実践に即した事例を用意し，「総合演習 (第 9 章)」とした．

　また，各章末には筆者が長年トヨタおよびトヨタグループにおける困り事解決の実践支援に携わった経験から得たデータ分析の「コツ」や「陥りやすい罠」をコラムとしてまとめたので，これらも参考にしていただきたい．

　本書をまとめるにあたり，実に多くの方々より，有益なご意見や励ましをいただいた．これらは筆者が執筆を進めるうえで大きな力となった．

　特に，早稲田大学の永田靖教授には，お忙しいなか，「推薦のことば」を賜っただけでなく，原稿の隅々まで精査いただき，筆者が気づかなかった用語の使い方をはじめ，本書をよりよく仕上げるご意見を数多く頂戴した．

　さらに，㈱日本科学技術研修所の片山清志取締役，犬伏秀生部長，㈱日科技連出版社の戸羽節文社長，鈴木兄宏部長，田中延志係長，またトヨタ自動車㈱の北村晋部長，四手井肇前室長には，本テーマの重要性をご理解いただき，本書を執筆する機会を与えていただいた．

　また，トヨタグループデータ分析分科会メンバーである愛知製鋼㈱の知念広秋氏，㈱ジェイテクトの内藤甲矢雄氏，トヨタ車体㈱の松本浩司氏，豊田通商㈱の伊藤勇介氏，アイシン精機㈱の丸谷守氏，㈱デンソーの鈴木則之氏，トヨタ紡織㈱の森部総一氏，㈱豊田中央研究所の水野雅彦氏，トヨタ自動車東日本㈱の花石昇氏，豊田合成㈱の井上純矢氏，日野自動車㈱の田中誠氏，ダイハツ工業㈱の本多匠氏，トヨタホーム㈱の土屋清明氏，トヨタ自動車㈱の近藤一雄氏，田中宏一氏には，毎月の会合で，SQC と機械学習のより良い使い方のヒントを数多くいただいた．そのなかでも特に，㈱豊田自動織機の久保田享氏，トヨタ自動車九州㈱の佐々木康博氏，則尾新一氏，トヨタ自動車㈱の阿部誠氏には，草稿の段階から丹念に査読をいただき，有益なコメントを多数賜ることができた．

　最後に，トヨタ自動車㈱の小杉敬彦氏には，筆者が 2006 年に TQM 推進部

に異動して以来，SQC の基礎から応用までをご指導いただけただけでなく，講師スキルや社内に推進体制をつくるノウハウ，学会発表や社外有識者との交流機会の創出など，TQM 活動についても，幅広くご指導いただいた．

　筆者にとって 2 作目となる本書でも相当の苦労をしたが，小杉氏から非常に有益なアドバイスがあったおかげで，何とか道筋をつけられた．筆の進まない筆者が原稿を完成させ，無事に刊行できたのは，相当量の時間を原稿の査読・検討・助言に費やしていただいた小杉氏のご尽力によるところが大きい．

　皆様方にはこの場を借りて厚く感謝申し上げるとともに，今後も問題解決力の向上に繋がる議論，研鑽のご指導・ご鞭撻を賜れば幸いである．

2021 年 2 月

渡邉克彦

目　　次

第9章　総合演習————————————————————175

コラム一覧

JUSE-StatWorks/V5 総合編 & 機械学習編 R2 のご案内

■「JUSE-StatWorks/V5 総合編 & 機械学習編 R2　トライアル版」「本書のサンプルデータ」ダウンロードのご案内

　本書で使用しているパッケージ版のトライアル版（インストール後，30 日間利用可能），およびそのなかで使用しているサンプルデータを下記の㈱日本科学技術研修所の JUSE-StatWorks ウェブサイト（書籍用体験版・サンプルデータダウンロード）からダウンロードできます.

　　　https://www.i-juse.co.jp/statistics/support/pm/download.html

　実際に JUSE-StatWorks を動かしながら，本書の解説や解析手法の出力結果をお読みいただくとさらなる学習効果が期待できます. また，ウェブサイトからは，JUSE-StatWorks の製品概要や活用事例，簡易手順，パッケージの購入方法，典型的な研修カリキュラム，研修内容なども入手できます.

■注意事項
(1)　JUSE-StatWorks/V5 総合編 & 機械学習編 R2 の使用制限
　①　体験版で扱えるデータは最大 30 変数 × 200 サンプルです.
　　　制限を超える大きなファイルを読み込んだ場合は，左から 30 変数，200 サンプルまでが読み込まれ，制限を超えた部分のデータは読み込まれませんのでご注意ください（なお，製品版は 1,000 変数 × 100,000 サンプルとなっています）.
　②　データの保存はできません.

(2)　その他
　①　上記の方法でうまくいかない場合は，下記の㈱日本科学技術研修所の JUSE-StatWorks ウェブサイト（お問い合わせ窓口）からご連絡ください.
　　　https://www.i-juse.co.jp/st/contact
　②　著者および㈱日本科学技術研修所，㈱日科技連出版社のいずれも，ダウンロードデータを利用した際に生じた損害についての責任，サポート義務を負うものではありません.
　③　上記のサンプルデータは，著者および㈱日本科学技術研修所に著作権があります. 利用に当たっては，本書の購入者または購入者の所属する組織内でのみ使用を許諾します. 許可のない外部公開や営利目的での使用は禁止します.

第1章
ものづくりにおけるデータ分析

1.1 トヨタグループにおける問題解決とデータ分析

　ものづくりにおける品質向上や技術力向上のための大切な考え方の1つに，従業員一人ひとりの問題解決力の向上が挙げられる．トヨタ・トヨタグループでは統計的品質管理(Statistical Quality Control：SQC)や機械学習といったデータ分析手法を問題解決力向上の有効なツールとして位置づけ，これらの活用や普及・促進を組織的に進めている．

　データ分析手法の活用を進めるうえでの重要なポイントに，(歴史の長い)SQCでは「問題解決の対象となる事象に対して，原理原則や固有技術にもとづいた仮説を構築し，データ収集や実験等で得られた事実・データにより仮説が正しいか検証すること」を挙げている．もし，検証結果と仮説に差が認められれば，もう一度，原理原則や固有技術から仮説を考え直し，再度検証を行っていく．この一連のサイクルがものづくりにおける品質向上・技術力向上に繋がるとしている．

　ここで，原理原則にもとづく仮説構築を行わず，データ分析の結果のみに頼ると誤った判断をすることもあり得る．例えば，少ない試験サンプルから得られた(見かけ上の)信頼度から目標を達成していると安心し，ばらつきを見逃すことや，得られた回帰式をそのまま鵜呑みにして活用し，予測結果が再現しないことが挙げられる．また，これらは，「なぜそのような結果になったか」という理由を原理原則や固有技術で説明できていないため，ノウハウや知見の蓄積などの品質・技術力向上に繋がりにくいともいえる[2]．

　近年，身近となった機械学習においても，基本的にはSQCと同じデータ分析手法であることから，この考え方は同じであり，機械学習で得られた結果を

そのまま信じたり，パラメータを調整して一喜一憂したりと振り回されるのはよろしくない．SQCでも機械学習でも，得られた結果を原理原則に照らし合わせて説明できる，かつ一般解化できることがものづくりでは重要となる.

「まえがき」でも述べたが，SQCと機械学習は同じデータ分析手法でありながら，それぞれの役割分担を整理する必要がある．それらについて次章以降で述べていく.

1.2　本書でのSQCと機械学習の枠組み

本書で扱うSQCと機械学習の手法であるが，執筆時点では機械学習についてさまざまな枠組みがあるため，ものづくりで広く使われる統計解析ソフトウェアである JUSE-StatWorks/V5「機械学習編」に搭載されている手法を「機械学習」，JUSE-StatWorks/V5「総合編プレミアム」に搭載されている手法で機械学習編に対応するSQC手法を「SQC」と定義し，その手法一覧を図表1.1に示す.

データ可視化や層別，情報の要約，予測，分類などの目的に対し，SQC手法は主成分分析，重回帰分析，判別分析といった「多変量解析法」であることが確認できる．多変量解析法とは，手元にある多くの変数(要因)から予測，判別，層別，分類といった事柄に対し，統計的裏付けをもって明らかにする手法である．SQCには他にも，固有技術を活用して効率的な実験をすることで特性に効く要因や最適な組合せを確認する「実験計画法」，製品の故障パターンや寿命予測を推定するワイブル解析や心配点の影響抽出や対応を検討するFMEA，FTA，DRBFMといった「信頼性工学」などもあるが，本書で扱うSQC手法は多変量解析法が中心となる.

一方，機械学習には正則化回帰分析やカーネル主成分分析などの手法が並ぶ．これらは多変量解析法の重回帰分析や主成分分析と似た名前であることからわかるように，多変量解析法の拡張版ともいえる.

このように，親和性が高いSQCと機械学習ではあるが，両者にはそれぞれ

図表 1.1　本書で扱う SQC と機械学習の手法

目的　＼　手法		SQC (総合編プレミアム)	機械学習 (機械学習編)
データ可視化 (第 2 章)		多変量連関図，モニタリング	濃淡散布図，密度プロット，等高線図
層別 (第 3 章)		階層的クラスター分析 非階層的クラスター分析 (k-means 法)	混合ガウス分布
情報の要約 (第 4 章)		主成分分析	カーネル主成分分析
予測(回帰) (第 5 章)		重回帰分析	正則化回帰分析(リッジ回帰，lasso 回帰，Elastic Net)
分類 (第 6 章)	6.1 節	判別分析	サポートベクターマシン(SVM)
	6.2 節	AID，CAID	ランダムフォレスト
外れ値検出 (第 7 章)		多変量管理図，MT 法	1 クラス SVM
相関分析 (第 8 章)		グラフィカルモデリング	glasso

注)　JUSE-StatWorks/V5 は Version 5.8 が前提である.

の狙いに違いがある．SQC は品質管理で長年使われてきたように，因果関係を見つけることに主眼を置いている．つまり，ものづくりで扱う製品や技術には何らかの物理法則が働いているため，そのメカニズムを明らかにするために，「作成したモデルが仮説と合っているか」「固有技術で説明できるか」などの技術的な妥当性を重視している．

　一方，機械学習は，(やや乱暴に表現すると)一般的には徹底的に予測精度を追求する．仮に作成したモデルが，固有技術で説明できなかろうが，物理法則に反していようが，予測精度が高くなるなら，そのモデルで良しとする特徴がある．つまり，データを正として，どんなモデルでも良いと考えるのが機械学

習で，物理法則や固有技術を正としたモデルがSQCとなる.

　このように狙いが異なる両者であるが，ものづくりでは，SQCのようにモデルや分析結果を固有技術で説明できることが重要だと捉えている. そのため，モデルや分析結果によってノウハウを蓄積したり，一般解化して他の製品に水平展開することが可能となる.

　次に別の切り口での両者の比較を**図表1.2**に示す. SQCは，固有技術および仮説にもとづき全体（母集団）からサンプリングし，得られた一部のデータおよび標本を統計解析して，そこから母集団を推測するといった一連の流れをとる. 全体を正しく推測するためには，固有技術にもとづき母集団を代表している標本を収集することが，とても重要となる.

　それに対し，機械学習では，基本的に固有技術にもとづいたサンプリングという考え方はせず，「ビッグデータ≒母集団」と考え，データを正としてそれを表現するモデルを考える. これらをデータドリブン分析とよぶ.

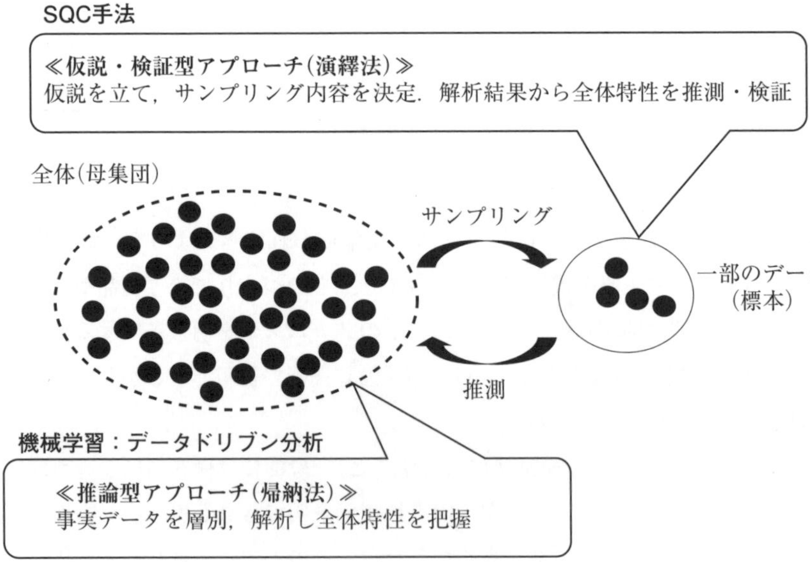

SQC手法

≪仮説・検証型アプローチ（演繹法）≫
仮説を立て，サンプリング内容を決定. 解析結果から全体特性を推測・検証

全体（母集団）

サンプリング

一部のデータ
（標本）

推測

機械学習：データドリブン分析

≪推論型アプローチ（帰納法）≫
事実データを層別，解析し全体特性を把握

図表1.2　解析アプローチの違い

機械学習では「ビッグデータ≒母集団」と考えると述べたが,ビッグデータに明瞭な定義があるわけではなく,一般的なソフトウェアの解析能力を超えた,ペタバイト,エクサバイト級のデータサイズともいわれている.ここで,本書で対象とするデータサイズであるが,JUSE-StatWorks/V5 で扱える 1,000 変数 × 100,000 サンプルといった中規模データとする(なお,JUSE-StatWorks/V5 ではデータシートの各行をサンプルとよぶ).それ以上のデータサイズでは,プログラミング言語の「R」や「Python」など別のソフトウェアや言語での解析が必要となることを留意したい.なお,本書では JUSE-StatWorks/V5 に沿って,ものづくりにおける両者の使い方を解説しているが,R や Python を使った場合でも基本的には同じことがいえるので参考にしてほしい.一般的に R や Python はデータ分析知識に加え,ある程度のプログラミング知識(データエンジニアリング力)が必要となる.そのため,「いざデータ解析に進むとプログラミングの壁に当たり,その解決策を探すのに時間を要する」という苦労話をよく聞く.一方,JUSE-StatWorks/V5 は Excel に似たインターフェースに加え,プログラムを組むことなく手軽なマウス操作でデータ分析が可能であり,まさにパーソナルユースな操作性が強みである.「PC 上で手軽に解析できる要素こそがデータ分析の普及・拡大に必要な条件だ」と筆者は考えている.なお,前述の繰り返しとなるが,いくらパーソナルユースとはいえ,やみくもに解析するのでは良い結果が出るとは限らない.SQC も機械学習も守るべき手順や,よりよい使い方があるので注意したい.

1.3　データ分析の全体像

　本節以降はデータ分析手法(データサイエンス)の全体像を見ていく.これらはトヨタグループでは,図表 1.3 のようになる.図表 1.3 の一番下に挙げた「問題解決のステップ」が仕事の基本・基盤となり,問題を合理的・科学的・効果的・効率的に解決するための進め方となる.

　ここで,このような全体像に至る過程について少し長くなるが紹介したい.

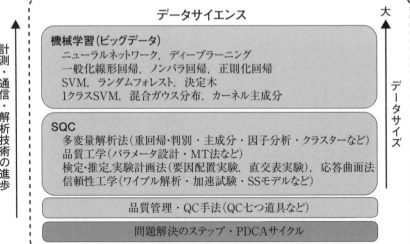

データサイエンス 大

機械学習(ビッグデータ)
ニューラルネットワーク,ディープラーニング
一般化線形回帰,ノンパラ回帰,正則化回帰
SVM,ランダムフォレスト,決定木
1クラスSVM,混合ガウス分布,カーネル主成分

SQC
多変量解析法(重回帰・判別・主成分・因子分析・クラスターなど)
品質工学(パラメータ設計・MT法など)
検定・推定,実験計画法(要因配置実験,直交表実験),応答曲面法
信頼性工学(ワイブル解析・加速試験・SSモデルなど)

品質管理・QC手法(QC七つ道具など)

問題解決のステップ・PDCAサイクル

計測・通信・解析技術の進歩

データサイズ

トヨタグループは「問題解決→SQC→機械学習」で人材を育成する

出典) 椿広計ほか:『機械学習基礎テキスト』,豊田自動織機,2019年(非売品)の一部を
筆者が変更している.

図表1.3 トヨタグループにおけるデータサイエンスの全体像

2019年2月に㈱豊田自動織機が日本科学技術連盟にコーディネートを依頼
し「データサイエンス基礎研修 企画委員会」(委員長:椿広計(当時(独)統計セ
ンター理事長,2019年4月より統計数理研究所所長))が設置された. 1年に
及ぶプロジェクトでは,品質管理においてSQCに加えて機械学習を活用して
品質保証レベルを向上させるために,どのような研修プログラムを組めば良い
のかを学術の立場からも検討していただいている. その研修のために製作した
『機械学習基礎テキスト』[1](非売品)は,椿委員長を始めとする"学"による
「監修」と,豊田自動織機の品質管理部,ならびに日本科学技術研修所の"産"

---

[1] 『機械学習基礎テキスト』は,椿広計(統計数理研究所),小野田崇(青山学院大学),
渡辺美智子(慶應義塾大学),安井清一(東京理科大学),西垣貴央(青山学院大学),片
山清志,犬伏秀生,山田芳幸,相澤恵子,冨田真理子(以上,日本科学技術研修所),
鈴木健二(日本科学技術連盟),内田雅喜,松山立,堀直博,掛樋祥太,稲垣直子,奥
田麻里子,久保田享(以上,豊田自動織機)によって作成された(敬称略).

による「執筆」という産学協働で完成し，その成果の一部がトヨタグループデータ分析分科会で共有された.

　本章で述べる考え方は，上記のテキストに依るところが多く，QC検定2級レベルの技術者を対象に問題解決をベースにSQCに加えて機械学習を身に付けてもらおうとする考え方(**図表1.3**を参照)は豊田自動織機のオリジナルであることを特に記しておきたい.

　また，トヨタグループデータ分析分科会に対しノウハウを共有するにあたっては，トヨタ自動車㈱の阿部誠氏の呼び掛けによって，トヨタ自動車九州㈱からは社内テキスト[2]の提供(本書の**第9章**で使用)と，それを補完するかたちで豊田自動織機の『機械学習基礎テキスト』が共有されていることも付け加えたい.

　さらに上記テキスト以前に遡れば，㈱デンソーの吉野睦氏による品質管理における機械学習の適用・研究および日科技連SQC実践研究会の議論の成果による「モノづくりにおける問題解決のためのデータサイエンス入門コース」[3]の開講(日本科学技術連盟)があってここに至るなど，一人ひとりのお名前を挙げることはできないが，多くのトヨタ・トヨタグループの関係者によって培われてきたという歴史がある．このような貴重な知見を共有することを許可していただいた関係各位にはこの場をお借りしてお礼申し上げる.

　トヨタグループでは**図表1.3**の問題解決のステップを出発点として，「品質管理・QC手法」「SQC」「機械学習」を仕事の場面や目的に応じて使い分けながら，新たな知見や価値を得ていく．このように「問題解決→SQC→機械学習」という順番で問題解決に有効な武器(ツール)を手に入れて成長していくと

2）　佐々木康博，則尾新一，眞鍋智昭(以上、トヨタ自動車九州)によって作成された(敬称略).
3）　2019年度までは「モノづくりにおける問題解決のためのデータサイエンス入門コース」だったが，2020年度からは「モノづくりにおける問題解決のためのデータサイエンスベーシックコース」に名称変更されている．詳しくは日本科学技術連盟のウェブサイト(https://www.juse.or.jp/)を参照されたい.

いうのが, 人材育成でのモデルである.

　では, 具体的に問題解決の有効なツールとしての SQC の活用場面をいくつか挙げてみると, 以下の①〜⑤となる.

　　① 手元にある, 特性とそれに影響しそうな複数の要因が対となっているデータから, 特性を予測したい(重回帰分析などの多変量解析法).

　　② 「対策を実施した効果があったか」を合理的に判断したい(検定).

　　③ 「量産した場合にどの程度規格を外れるか」を小さいサンプルサイズで確認したい(推定).

　　④ 効率的で信頼度が高い実験を実施したい(実験計画法).

　　⑤ 故障データの傾向や将来の故障数を予測したい(ワイブル解析).

　①では, すでに手元にあるデータから特性(目的変数)と要因(説明変数)の関係を回帰分析などでモデル化し, 各々の要因の値から特性を予測する. さらには, 各要因がどれくらい特性に影響するかを大まかに把握する.

　②や③では, 小さいサンプルサイズで対策効果や, 量産する際のデータのばらつき具合を合理的に判断・予測するために SQC の検定・推定が用いられる. ものづくりでは試作品を大量に作れない場面もあることから, このような考え方に, 原理原則や固有技術を加味することで判断している.

　④では, 実験の目的を達成する(因子の効果を確認する, 最適な水準の組合せを見つける)ために, 効率的な実験の計画を選択する. このとき, 手元にある情報によって, 要因配置実験や直交表実験, さらには応答曲面法などを選択していく. これらの選択方法については渡邉ら[3]を参照されたい.

　⑤では, 市場から製品故障の報告があった場合, その故障データから, 偶発故障型や摩耗故障型などの故障パターンを判断したり, 数カ月後の故障数を予測したりするために信頼性工学のワイブル解析が活用される.

　このなかで②〜⑤では, 小さいサンプルサイズで合理的な判断を求められているため, SQC が今後も, これまで同様に活用されていく具体例となる.

　IoT(Internet of Things)が発展してデータを大量にとれる時代においても, 手元の少ないデータだけで即座に合理的に判断することが求められる場面は必

ずある．このとき，固有技術や諸先輩方が蓄積した知見やノウハウも考慮し，総合的に判断していくことが，ものづくりでは必要となる．データが溜まってから判断すれば，情報量も多くなるため，確かに判断するには有利(データにノイズが含まれていないことが前提だが)となる．しかし，蓄積するデータ量に応じて時間やコストが必要となることを忘れてはならない．

1.4　データサイズが大きくなる場合の SQC での問題点

　IoT の発展によってデータを大量にとれること自体は，情報量が増えるため，判断を下すのに有利となる．しかし，得られる情報が多い(つまりデータサイズが大きくなる)と，SQC ではいくつか問題が発生する．**図表1.4** にまとめたなかの一部を以下に説明する．

　まず，「高次元の問題」は，変数が増えることで説明変数間に相関の高いものが含まれることが多くなることで発生する．SQC の重回帰分析や判別分析では，説明変数間に強い相関(目安として相関係数の絶対値が 0.9 以上は要注意)がある場合，偏回帰係数が不安定となる多重共線性の問題が知られている．

図表1.4　データサイズが大きくなることで発生する主な問題

データの種類(変数)が多すぎると発生する **高次元の問題**	• **説明変数間に相関が高いものが含まれることが多い** 　→多重共線性が発生(相関係数行列の逆行列が求められない) • **過学習(過適合，オーバーフィッティング)** 　→現在のデータに対する予測精度だけが高くなる • **次元数に対しサンプルサイズが不足することがある** 　→重回帰分析では偏回帰係数，判別分析では判別係数などが求まらないことがある．
サンプルサイズが大きすぎると発生する **大標本の問題**	• **検出力 $(1 - \beta)$ 過大** 　→小さな変化でも有意となり検定の意味がない
その他の問題	• 計算時間が爆発的に増える • 次元の呪い：スパース化，球面集中化

多重共線性への対応は「固有技術で目的変数に影響しそうな変数や制御しやすい変数に絞り込み，どちらか一方の説明変数を削除すること」が定石である．また，相関係数は2変数間の相関しか見ることができないため，3変数以上の相関では，VIFやトレランスを確認して，多重共線性に対応する必要がある．

　しかし，ビッグデータになると，相関が高い変数を一つひとつ除外するのは困難であり，特に線形制約（ある変数が他の複数の変数で完全に説明されること．例えば，$X_1 + X_5 + X_9 = X_{15}$など）や，それに近い状況が成り立ってしまうことを見つけ出すのは困難である．図表1.5は世界中の自動車の燃費と，車両諸元の一部であるが，説明変数である燃費に関する変数を細かく取り上げていくと，インジェクターの性能，触媒のスペック，吸排気管の長さ，圧力損失，バルブタイミング，点火時期，燃料噴射タイミング，摺動抵抗など数えればキリがなく，数千〜数万の項目となる．仮に少なく見積もって説明変数が1,000個だとした場合，相関係数行列は1000 × 1000と膨大になる．こうなると相関

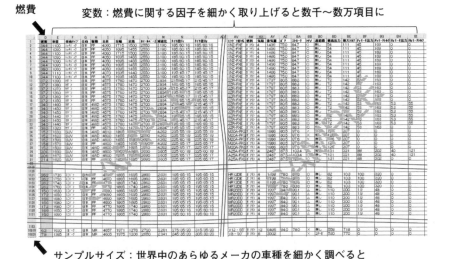

燃費　　　　変数：燃費に関する因子を細かく取り上げると数千〜数万項目に

サンプルサイズ：世界中のあらゆるメーカの車種を細かく調べると
数千〜数万モデルに

図表1.5　自動車における大量データの例

係数の絶対値が 0.9 以上を手作業で見つけて除外し，目的変数に影響がありそうな説明変数に絞り込むことはかなり大変な作業であり，さらに 3 変数以上の組合せ，特に線形制約などを見つけることは困難といえる．高次元の問題は，SQC では解きにくく，後述する機械学習が適している場面といえる．

　次に，過学習（過適合，オーバーフィッティング）で問題になるのは，重回帰分析や判別分析で説明変数が多いとモデル式を作成した学習用データに過度に適合してしまう場合である．寄与率が 0.9 以上と，一見，精度の良い予測や判別ができるように見えても，新しい（未知の）データに対しては精度が良いとは限らないこともあり得る．過学習には，説明変数を取り込みすぎないようにすることが重要である．そのためのストッピングルールとして交差検証法（詳細は**第 5 章**）を設定していく方法を，機械学習では用いている（**図表 1.6**）．

　さらに「大標本の問題」は，SQC の検定でサンプルサイズが大きすぎた場

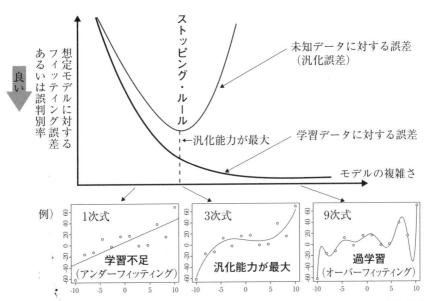

出典）　吉野睦：『データサイエンスと品質管理（品質月間テキスト No.446）』，品質月間委員会，2020 年の図 2 をもとに作成．

図表 1.6　ストッピングルールによる過学習への対策

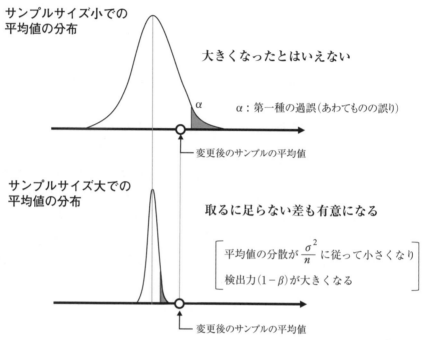

サンプルサイズ小での
平均値の分布

大きくなったとはいえない

α

α：第一種の過誤（あわてものの誤り）

変更後のサンプルの平均値

サンプルサイズ大での
平均値の分布

取るに足らない差も有意になる

$$\left[\begin{array}{l}\text{平均値の分散が } \dfrac{\sigma^2}{n} \text{ に従って小さくなり}\\[6pt]\text{検出力}(1-\beta)\text{が大きくなる}\end{array}\right]$$

変更後のサンプルの平均値

出典）吉野睦：『データサイエンスと品質管理（品質月間テキスト No.446)』，品質月間委員会，2020 年の図 1 をもとに作成.

図表 1.7　検出力が大きくなるイメージ

合に発生し，取るに足らない差も有意になってしまう．**図表 1.7** に示すように
検出力$(1-\beta)$が大きくなりすぎて，わずかな変化でも有意となってしまう．
永田[4]も「ヒストグラムで分布形状が描けるほどのデータに対して，検定を
実施することは主な誤用の 1 つだ」と指摘している.

　以上のようにビッグデータによって SQC の適用が難しくなる可能性をいく
つか述べたが，必ずしもこれらの問題が顕在化するとは限らない．そのため，
最初に機械学習を使うということではなく，「結果を解釈しやすい SQC を
使ってみて，解析がうまくいかなければ機械学習を使う」という順番が良いの
ではないかと筆者は考えている　冒頭から述べているように，SQC も機械学
習も問題解決の有効なツールであるので，両者をうまく使うことが大切である.

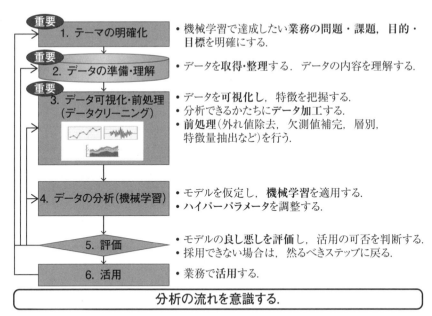

出典) 椿広計ほか：『機械学習基礎テキスト』，豊田自動織機，2019 年（非売品）の一部を
筆者が変更している．

図表 1.8　機械学習におけるデータ分析の流れ

最後に分析の流れを述べる．SQC は，**図表 1.2** で説明したように「仮説を
立て，事実・データからそれが正しいか検証する」一連の流れをとる．一方，
機械学習はデータドリブン分析となり，その流れは**図表 1.8** のようになる．

このときまず，「とりあえずデータがあるから機械学習で分析してみよう」
ではなく，「何のために分析するのか」「知りたいことは何か」というテーマの
明確化が大切である．ここでは，目的（何のために）や目標（いつまでに何をど
のレベルまで）を明確にすべきである．その次にデータの準備や理解をする段
階でデータを取得・整理し，それがどのようなデータか内容を理解する．この
とき，「固有技術を含めて，得られたデータが目的を達成するために合致して
いるのか」「足りないデータはないか」をしっかり吟味することが大切である．

データの準備・理解ができたら，データ可視化や前処理に進む．これらは**第**

2章で述べているので参考にしてほしい．その次にようやくデータ分析の段階
となり，機械学習が登場する．

　SQC にはなく，機械学習特有のプロセスがハイパーパラメータの調整であ
る．ハイパーパラメータとはモデルのパラメータ（偏回帰係数など）を決めるた
めのパラメータであり，何度も調整を繰り返しながらモデルの妥当性を高めて
いく．分析後，作成したモデルの良し悪しをテストデータ（学習モデルに使用
していない既知のデータを未知とみなしたデータ）で評価して，業務における
活用の可否を判断するのも機械学習特有のプロセスとなる．最終段階で作成し
たモデルが採用できると判断できれば，業務に活用していく．このような分析
の流れを意識することがたいへん重要である．

第2章
データ可視化

　問題解決における現状把握のステップでは，得られたデータから事実を把握することが重要となる．しかし，単にデータを眺めるだけでは特徴や問題点に気づくことはなかなか難しい．このようなとき，一目でポイントとなる特徴や問題点を把握しやすい QC 七つ道具をはじめとした「見える化ツール」が有効となる．SQC には多変量連関図でのヒストグラムや散布図等が，機械学習には濃淡散布図や密度プロット，等高線図が用意されている．本章ではこれらの見える化ツール（可視化ツール）の使い分けを説明する．

2.1　SQC ―多変量連関図

　図表 2.1 は JUSE-StatWorks/V5 のサンプルデータである．実際の解析ではこのデータを可視化する前に，平均値や標準偏差などの基本統計量を一通り確認し，データの素性を把握する．JUSE-StatWorks/V5 での基本統計量を確認するには，まずメニューの［手法選択］―［基本解析］―［統計量/相関係数］をクリックする．表示される［基本統計量の変数指定］ダイアログで，すべての変数（添加量，収率，添加剤）を解析対象に選択して次へ進むと，図表 2.2 のような［基本統計量］が表示される．

　［基本統計量］のタブでは，添加量のデータ数が 10 で最小値が 11，最大値が 18，平均値が 14.20，標準偏差が 2.44 と確認できる．ここで大切なのは，これらの統計量を単に眺めるだけではなく，「肌感覚とおおよそ合っているのか」を確認することである．例えば，「最小値が思ったよりも小さくないか」など，データを眺めていただけではわからなかった気づきを発見するかもしれない．「まったく違うデータを抽出してきたのに，しばらく気づかなかった」

図表 2.1 G1_0201_薬品製造における収率

基本統計量 順序統計量 相関係数行列

質的変数: なし		カテゴリ名: なし			サンプル数:	10				
No	変数名	データ数	合計	最小値	最大値	平均値	標準偏差	変動係数	ひずみ	とがり
2	添加量	10	142.0	11.0	18.0	14.20	2.440	0.1719	0.055	-1.161
3	収率	10	558.3	45.3	66.4	55.83	6.493	0.1163	0.083	-0.700

基本統計量 **順序統計量** 相関係数行列

質的変数: なし		カテゴリ名: なし			サンプル数:	10	
No	変数名	データ数	ひげ端(下)	1/4分位	メジアン	3/4分位	ひげ端(上)
2	添加量	10	11.0	12.0	14.5	16.0	18.0
3	収率	10	45.3	50.7	55.3	59.7	66.4

基本統計量 順序統計量 **相関係数行列**

質的変数: なし		カテゴリ名: なし		サンプル数:	10	+:|0.6|以上 ++:|0.8|以上
No	変数名	添加量	収率			
2	添加量	1.000	0.747+			
3	収率	0.747+	1.000			

図表 2.2 G1_0201 の基本統計量, 順序統計量, 相関係数行列

という事例を耳にすることもある. このようなミスを防ぐためにも「基本統計量が肌感覚と合っているか」を考慮し, データの素性を確認してほしい.

さらに, 統計量はあらゆる角度から確認したほうがよい. **図表 2.2** のように JUSE-StatWorks/V5 には, 質的変数の添加剤ごとに層別して統計量を確認す

る機能（図表2.2の質的変数：「なし」を「添加済」に変更する）もあるので，ぜひ活用してほしい．［相関係数行列］のタブを見ると相関係数が表示され，添加量と収率が＋0.747と比較的強い正の相関であることも確認できる．

　このように一通り基本統計量を確認したうえで，データを可視化していく．冒頭にも述べたが，可視化が必要なのは，図表2.2のような統計量の数値だけではわからない分布の形状や外れ値などを容易に確認するためである．

　例えば，データの分布が絶壁型なのか，離れ小島型なのかはヒストグラムを描けばすぐに確認できる．相関係数についても，前述した添加量と収率は＋0.747と数字上は比較的強い正の相関があるが，有名なアンスコムの例にあるように同じ統計量でも散布図を描くと全く違うケースもあり得る．このようなケースもあるので必ずデータを可視化することが大切である．

　可視化の利点は他にも，「データ全体を一目で摑むことができる」「初めて見る人にもわかりやすい」「具体的に判断しやすい」「データの推移状況やデータの相互関係を素早く把握できる」などあるため，必ず実施すべき解析プロセスである．

　JUSE-StatWorks/V5におけるデータの可視化は，まずメニューの［手法選択］—［基本解析］—［多変量連関図］をクリックする．表示される［多変量連関図の変数指定］ダイアログで，すべての変数を解析対象に選択し，次へ進むと図表2.3のような［多変量連関図］が表示される．

　変数ごとのヒストグラム，変数の組合せによる散布図に加え，メニューボタンにある［統計量の表示］や［注目グラフの表示］によって，特徴のあるデータを確認しやすくなる．例えば，図表2.3では注目グラフとして添加量と収率の散布図と，添加剤の種類ごとの収率のヒストグラムが着色されている．これらは注目表示のデフォルトの基準を超えたためであり，前者は相関係数が0.6以上，後者は平均値の差の検定で有意水準が5％で有意となったためである．なお，これら注目表示の基準は，メニューボタンの［オプション］より任意の値に設定できる．

　また，メニューボタンにある［解析アドバイス］も外れ値の有無などのデー

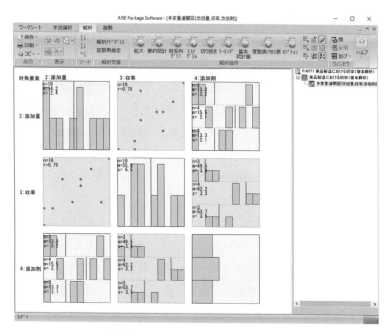

図表 2.3　G1_0201 の多変量連関図

タの素性を確認するために活用したい機能である．**図表2.4**は［解析アドバイ
ス］の相関係数の強さの［解析支援］画面である．相関が比較的強い変数の組
として，添加量と収率が正の相関が表示されている．そこでは，相関係数の点
推定値が＋0.747，95％信頼区間は＋0.222〜＋0.936と表示され，**図表2.2**よ
りも詳細な統計量まで確認することができる．なお，弱い相関や比較的強い相
関，強い相関の基準値や有意水準等は設定で任意に指定できるため，実践で使
う数値にすぐに変更できる．

　［解析アドバイス］にはその他にも，「外れ値の有無」「正規分布に従ってい
るかどうか」「層間で平均やばらつきに違いがあるか」「質的変数の組合せに対
して独立であるか」を解析できるなど，幅広い解析支援機能であるので，活用
をお勧めしたい．

　このように，多変量連関図では多くの統計情報を確認できるため，基本的な

図表 2.4 解析支援の画面

● #1		● N2	● N3	● N4	● N5	● N6	● N7	● N8	● N9	● N10	● N11	● N12
	用紙銘柄	y1	y2	y3	y4	y5	y6	y7	y8	y9	y10	y11
● 1	base-paper1	118.6	87.8	19.14	0.95	3.52	2.22	11.00	1.27	8792	6.35	3.7
● 2	base-paper2	99.3	124.6	23.92	1.24	0.83	-10.24	10.91	1.43	5392	7.34	5.9
● 3	base-paper3	72.3	71.6	17.00	0.69	2.62	-3.87	11.69	1.24	7076	3.24	4.0
● 4	base-paper4	50.0	77.5	20.30	0.64	1.03	-10.91	10.33	1.60	8039	5.40	6.3
● 5	base-paper5	131.3	137.6	21.97	1.37	2.27	-5.64	10.92	1.50	6254	8.59	4.9
● 6	base-paper6	98.6	123.9	24.53	1.40	1.26	-10.30	10.74	1.56	6297	7.15	6.6
● 7	base-paper7	98.3	86.3	20.65	1.06	3.02	-4.07	11.09	1.39	8818	5.31	4.7
● 8	base-paper8	139.0	154.0	26.66	1.56	2.18	-6.45	11.39	1.41	5902	8.43	5.1
● 9	base-paper9	60.9	97.1	18.67	0.85	1.40	-13.17	10.28	1.34	3728	3.89	7.1
● 10	base-paper10	98.4	90.3	19.90	1.01	2.73	-6.44	10.85	1.27	6431	5.43	4.5
● 11	base-paper11	131.8	137.8	21.13	1.39	2.00	-9.19	10.94	1.39	5707	8.17	5.3
● 12	base-paper12	64.1	71.3	21.03	0.70	2.02	-5.85	10.60	1.48	6469	3.00	5.5
● 13	base-paper13	46.7	84.8	20.88	0.80	1.10	-10.72	10.40	1.36	3805	3.05	6.5
● 14	base-paper14	94.5	103.5	24.42	0.99	2.21	-8.18	11.10	1.67	6570	5.28	5.5
● 15	base-paper15	107.0	105.1	23.90	1.14	2.63	-4.28	11.11	1.56	7182	6.66	5.2
● 16	base-paper16	107.3	99.6	21.02	1.11	3.38	-7.00	11.45	1.50	7468	6.41	4.8
● 17	base-paper17	66.1	67.6	15.30	0.80	2.63	-6.29	11.08	1.33	7282	4.35	4.7
● 18	base-paper18	146.2	126.7	23.19	1.32	3.62	-4.35	10.97	1.35	6535	8.28	5.0
● 19	base-paper19	79.1	82.7	20.87	0.89	2.89	-5.00	11.06	1.83	7809	3.97	5.2
● 20	base-paper20	116.7	150.2	30.03	1.63	1.53	-11.43	11.00	1.64	5408	8.46	6.7
● 21	base-paper21	152.5	159.4	26.74	1.82	2.33	-7.38	10.23	1.46	5579	8.46	5.8
● 22	base-paper22	77.4	70.5	21.49	0.85	2.87	-6.97	11.62	1.62	9139	5.25	4.7
● 23	base-paper23	152.8	100.2	21.21	1.23	4.64	-1.02	11.14	1.28	9432	8.17	3.8
● 24	base-paper24	104.9	134.6	27.71	1.31	1.53	-9.71	10.63	1.58	5173	6.34	6.4

図表 2.5 ML_M03_02 用紙走行性に影響を与える用紙特性の検討（MT 法）

解析やデータの前処理に活用してほしい．ただし，データサイズが大きくなると注意が必要になる場合があるので以下に紹介する．

図表 2.5 は変数の数は 11，サンプルサイズは 137 と，図表 2.1 よりも変数の数，サンプルサイズともに大きなデータとなる．このデータの多変量連関図は図表 2.6 となる（紙面の都合上，一部のみ表示）．

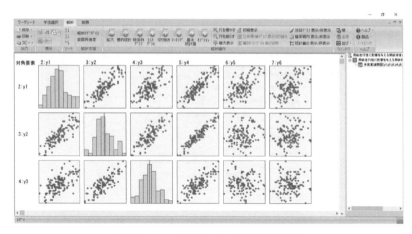

図表 2.6　ML_M03_02 の多変量連関図

　ここで，各散布図には 137 のデータがプロットされているが，重なり部分を
表現できないため，「データプロットの密度が濃い箇所はどこなのか」を確認
しにくいことがわかる．このように，サンプルサイズが目安として 100 以上に
なると，多変量連関図ではデータプロットの重なりをうまく表現できず，特徴
を摑みにくくなる可能性があるので注意が必要となる．

2.2　機械学習—濃淡散布図，密度プロット，等高線図

　前節で述べたように SQC の多変量連関図ではサンプルサイズが大きくなる
とデータプロットの重なりをうまく表現できない欠点があった．これを補った
ものが機械学習に搭載されている濃淡散布図，密度プロット，等高線図である．
　まず濃淡散布図であるが，メニューの［手法選択］—［機械学習］—［濃淡散布
図］をクリックする．表示される［変数選択］ダイアログで，すべての変数
（y_1～y_{11}）を解析対象として選択し，次へ進むと，図表 2.7 の濃淡散布図が表示
される．図表 2.6 と比較すると，データプロットの重なりを濃淡で表現してお
り，データの特徴を捉えやすくなっていることがわかる．同様に［密度プロッ

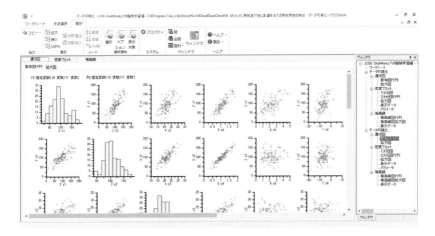

図表 2.7　濃淡散布図

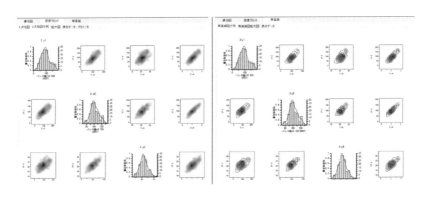

図表 2.8　密度プロットと等高線図

ト］や［等高線］のタブに移動することで，**図表 2.8** のようにそれぞれ表示さ
れるので，データの特徴を捉える，層別や外れ値除去などのデータの前処理に
活用するとよい．例えば，［密度プロット］の［拡大図］でY軸に y_1，X軸に
y_3 を指定し，メニューボタンの［オプション］にて確率楕円 2σ の外側の点を
表示対象に設定すると，4点がプロットされる（**図表 2.9**）．これら4点に対し
て，外れ値かどうかを検討していけばよい．

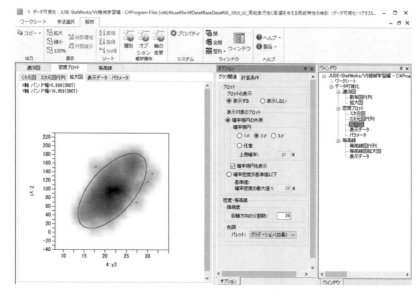

図表 2.9 密度プロット (y_1 と y_3)

　このように，サンプルサイズが大きい場合は機械学習の濃淡散布図，密度プロット，等高線図を有効に活用するとよい．ただし，注意点もあり，これらは質的変数を扱うことができない．そのため，質的変数が絡む場合には，SQCの多変量連関図を併用しながらデータ分析を進めていくことが望ましい．

2.3　本章のまとめ

　機械学習の濃淡散布図，密度プロット，等高線図はサンプルサイズが大きい場合の可視化機能が充実している．ただし，質的変数が扱えないため，質的変数が含まれる場合はSQCの多変量連関図を併用するのが望ましい．

　また，多変量連関図はサンプルサイズが大きいときにはデータプロットの重なりを表現できない欠点はあるが，「解析アドバイス」でデータの前処理に有益な情報が得られるほか，サンプルサイズが小さければ検定（平均値の差の検

定,等分散性の検定,カイ2乗検定)機能もあるため層別等に活用するとよい.

　実際のデータ分析において変数やサンプルサイズが大きくなると,ヒストグラムや散布図をしっかり見ること自体が難しくなるのは確かである.しかし,データサイエンティストのなかにはそのような状況下でも時間をかけて一つひとつデータを可視化し,ヒストグラムや散布図を吟味する方もいると聞く.筆者も大いに賛成である.やはり,データが多いからといって基本解析を省略したり,おろそかにすることは避けたい.解析のベースとなるので SQC と機械学習を使って,確実に基本解析を実施することが大切である.

2.4　補足―データクリーニング(前処理)

　本書で扱うデータは前処理が既にされており,解析するだけの状態となっている(第9章は除く).しかし,実践におけるデータ分析では前処理に相当な時間を要することが多い(一説ではデータ分析の8割は前処理ともいわれる).JUSE-StatWorks/V5 の「機械学習編」にはデータクリーニング機能があり,データの欠測値や外れ値の抽出,対応の検討に役立つため,本節で紹介する.

　図表2.10 を見てわかるように,添加量や添加剤に「−」(データの欠測)がいくつかある.このデータはデータサイズが小さいため,一目で欠測がわかるが,データサイズが大きくなると,即座に見つけるのは困難となる.そのような場合にデータクリーニング機能は効率的な欠測値の発見に役立つ.

　欠測値を見つけるには,まずメニューから [手法選択]―[機械学習]―[データクリーニング] をクリックする.表示される [変数の指定] ダイアログで,すべての変数を解析対象に選択して次へ進む.[基本統計量] や [度数表] のタブで平均値や標準偏差などを確認した後に [欠測] タブをクリックすると,**図表2.11** となり,欠測数や欠測割合が表示される.

　図表2.11 では添加量,添加剤ともに欠測数が2,欠測割合が20%であった.メニューボタンの [欠測処理] をクリックすると**図表2.12**となり,「量的変数の欠測の補完をするか」「(するのであれば)平均値と中央値どちらで補完する

	● S1	● N2	● N3	● C4
	サンプルNo.	添加量	収率	添加剤
● 1	s1	11	45.3	添加剤A
● 2	s2	16	59.7	-
● 3	s3	13	59.7	添加剤B
● 4	s4	-	52.9	添加剤C
● 5	s5	17	45.3	添加剤A
● 6	s6	18	59.7	添加剤B
● 7	s7	12	45.3	-
● 8	s8	-	52.9	添加剤C
● 9	s9	11	52.9	添加剤C
● 10	s10	15	59.7	添加剤B
● 11				

図表2.10　ML_M03_01_薬品製造における収率と製造条件(データクリーニング)

変数　サンプル

基本統計量　度数表　欠測　量子化　外れ値

処理対象　変数の数:3　サンプルの数:10

vNo	変数名	変数属性	サンプル数	欠測数	欠測割合(%)	平均値	中央値
2	添加量	量的変数	10	2	20.000	14.1	14.0
3	収率	量的変数	10	0	0.000	53.34	52.90
4	添加剤	質的変数	10	2	20.000		

図表2.11　欠測数や欠測割合

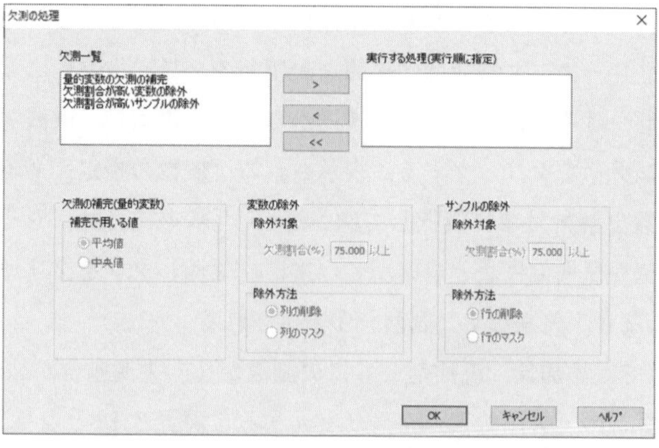

図表2.12　欠測処理の設定

か」，さらには「欠測割合が高い変数やサンプルを除外するか」を指定できる．
図表 2.12 で欠測一覧の項目をすべて指定し［OK］をクリックすると，図表
2.13 のように添加量の欠測値を平均値で補完したメッセージが表示される．

　次に，［量子化］タブに移動する．量子化とは，本来連続量であるはずの変
数が飛び値となってしまっている状態を指す．図表 2.14 では，「量的変数ごと
に異なる数値をいくつもつか」「その数値は何回出現するか」まとめられてい
る．添加量は 8 つの異なる値をとる一方，収率は 3 つの異なる値しか出現して
いない．図表 2.14 から，量的変数として扱って解析するには不自然と考えて，
量子化処理を行うことにする．

　メニューボタンの［量子化処理］をクリックすると［量子化データの処理］
ダイアログが表示される（図表 2.15）．このダイアログで量子化データに対す
る処理を行うが，判断すべきは，「指定条件を満たす変数の属性を変更（つまり
量的変数→質的変数に変更）するか，変数を除外するか」になる．図表 2.15 で
はデフォルトのまま両方とも実行する処理に指定して［OK］をクリックする
と図表 2.16 のようになる．収率は質的変数として属性が変更された．

欠測処理結果

処理対象　量的変数の数:2　サンプルの数:10

vNo	処理項目	処理内容	処理結果
1	量的変数の欠測の補完	欠測値を平均値で補完	2個のセルを補完
2	欠測割合が高い変数の除外	欠測割合が75.000%以上の変数を削除	除外対象の変数はありませんでした
3	欠測割合が高いサンプルの除外	欠測割合が75.000%以上のサンプルを削	除外対象のサンプルはありませんでし

図表 2.13　欠測処理の結果

実験　サンプル

基本統計量　度数表　欠測　量子化　外れ値

処理対象:量的変数の数:2　サンプルの数:10

vNo	変数名	変数属性	サンプル数	異なる数値	値昇順							
					1	2	3	4	5	6	7	8
2	添加量	量的変数		8	11	12	13	14	15	16	17	
			10		2	1	1	2	1	1	1	
3	収率	量的変数		3	45.300	52.900	59.700	-	-	-	-	
			10		3	3	4	-	-	-	-	

図表 2.14　量的変数の異なる数値と出現回数一覧

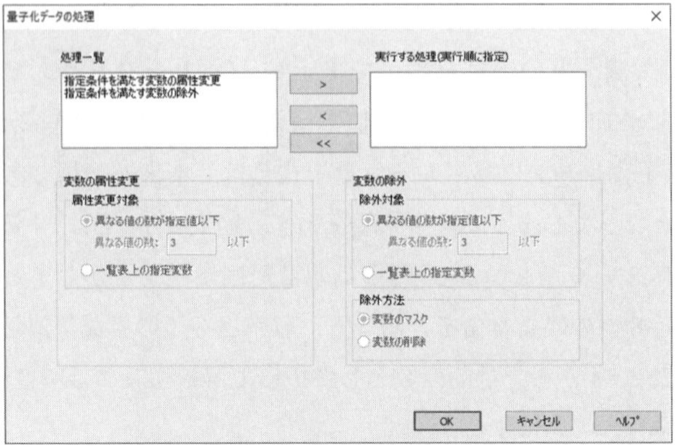

図表 2.15 量子化処理の設定

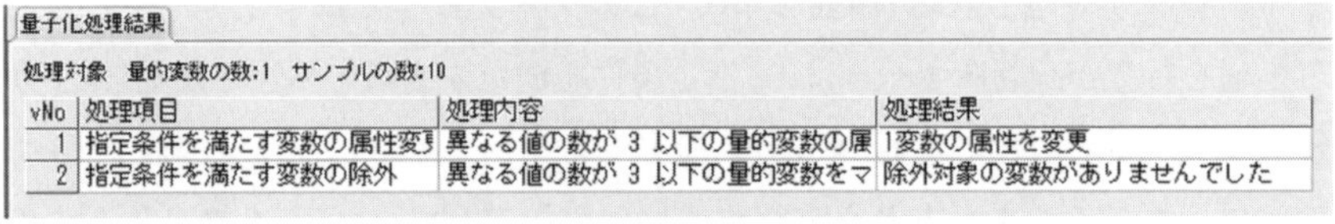

図表 2.16 量子化処理の結果

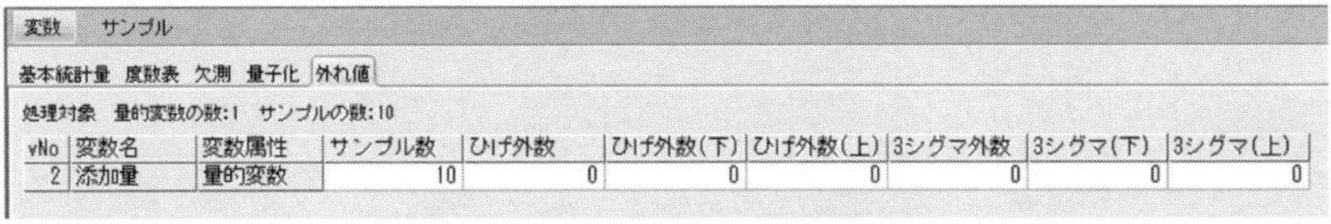

図表 2.17 変数の外れ値結果

　次に，［外れ値］タブをクリックすると，ひげ外数（箱ひげ図における外れ値），3σの外側のサンプルを表示できる（**図表2.17**）．さらに，［サンプル］タブの［外れ値］では，マハラノビス距離での外れ値を確認することができる．今回はともに外れ値の表示はないが，メニューボタンの［オプション］から出力基準値（外れ値の判定）条件やセルの着色条件を設定することができる（**図表2.18**）．

　出力基準値を「全サンプル」に変更すると，全サンプルのマハラノビス距離が表示される（**図表2.19**）．ここで，改めて外れ値がないことを確認できるが，

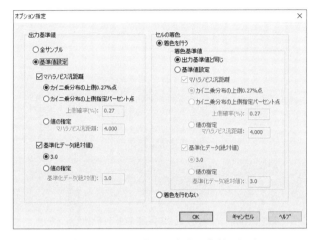

図表 2.18　外れ値と判定する条件の設定

変数	サンプル		

欠測 / 外れ値

処理対象　量的変数の数:1　サンプルの数:10

sNo	サンプル名	マハラノビス汎距	基準化データ 添加量
1	s1	1.662	-1.289
2	s2	0.598	0.774
3	s3	0.215	-0.464
4	s4	0.000	0.000
5	s5	1.407	1.186
6	s6	2.556	1.599
7	s7	0.769	-0.877
8	s8	0.000	0.000
9	s9	1.662	-1.289
10	s10	0.130	0.361

図表 2.19　全サンプルのマハラノビス距離

仮に外れ値があれば，メニューボタンの［外れ値処理］からこれまでと同様に
実行する処理を決定すればよい(**図表 2.20**).

　本節では変数の数は 3，サンプルサイズ 10 とかなり小さいデータサイズを
扱った．データサイズが大きくなると欠測値や量子化データ，外れ値も生じや
すくなるので，必要に応じて本機能を活用してほしい．

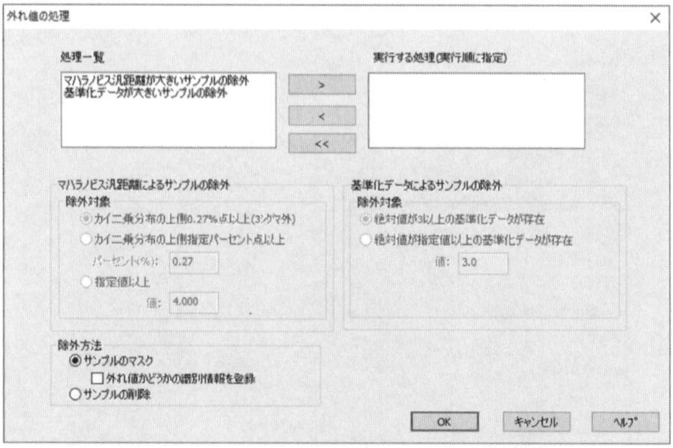

図表 2.20 マハラノビス距離の外れ値処理の設定

コラム1 異常と不良の違い

　筆者は TQM の推進部署に 10 年以上在籍し，トヨタ・トヨタグループにおける問題解決の実践支援に携わってきた．その経験のなかから，実践におけるデータ分析のコツや陥りやすい罠を本コラムでいくつか紹介するのでデータ分析する際の参考にしてほしい．

　まず，本コラムでは「異常」と「不良」の違いについて述べたい．ISO 規格に沿った JIS Z 8101：1999「統計—用語と記号」以降，「不良」という用語は「不適合」に変更となったが，本コラムでは馴染みのある「不良」をそのまま使用する．

　品質管理の基本に，工程を良い状態に維持・管理する考え方がある．後工程に不良品を流さないだけならば「品質は検査で保証する」，つまり不良品を検査で見つけるやり方もあるが，良い製品を安く造るためには「品質は工程で造りこむ」，つまり不良品を造らないことが重要となる．

　不良品を造らないためには，工程を良い状態に維持・管理する必要があり，そのために有効なツールが QC 七つ道具の一つ「管理図」である．「管理図」

を活用すれば，設定ルールに従って工程の異常を早く見つける．工程の異常
の素早い対処により，工程を良い状態に維持することができる．

　さて，前述のとおり管理図は「異常」を見つけるためのツールだが，「不
良」を見つけるためのものではない．一見言葉遊びのようであるが，「異常」
と「不良」を品質管理では明確に使い分けている．両者の違いは，以下のと
おりである．

- 不良：規格外れ．製品として不成立．
- 異常：不良ではないが，工程がおかしくなってきた状態．
  製品として成立．

　つまり，不良のほうは規格を外れ，製品として不成立なので，異常よりも
深刻な状態といえる．筆者は品質知識研修の講師を担当するとき，管理図の
講義で必ず「異常と不良はどちらが深刻と思うか？」と質問し，受講生に正
しいと思うほうを挙手してもらう．これまでに，社内・社外で相当な数を質
問してきたが，異常が深刻と挙手する受講生と不良が深刻と挙手する受講生
は不思議なことに，だいたい半々くらいである．それくらい，両者の使い分
けは明確ではないといえる．

　さて，JUSE-StatWorks/V5 で管理図は，メニューから［QC 七つ道具］—
［管理図］，もしくは［工程分析］—［SPC（工程性能分析）］にて作成できる．

　図表 A.1 は「G2_0103_製造ライン増設に伴う安定状態の評価（SPC）」の
データに対して［QC 七つ道具］—［管理図］にて$\overline{X}-R$管理図（平均値と範囲
の管理図）を描いた画面である．$\overline{X}$の管理図で，管理限界線（UCL, LCL）を越
えているデータが 2 つあることが確認できる．

　また，メニューボタン［オプション］の［安定状態の判定］には JIS Z
9020-2：2016 や SPC（第 2 版），JIS Z 9021：1954 など判定に用いる規格も
選択できるため，現場に則して異常を発見するためのルールを設定すればよ
い（**図表 A.2**）．

　以上のように管理図は「異常を発見するため」のツールで「不良を発見す
るため」のツールではないことに注意したい．この理由から，管理図に規格

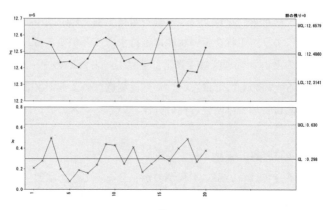

図表 A.1 $\bar{X} - R$ 管理図

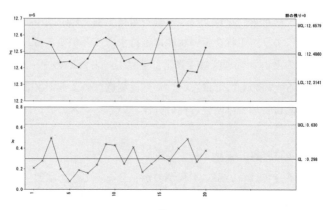

図表 A.2 安定状態の判定の設定

線（これを超えたら不良となる線）を描かないことが 般的である.

コラム2　管理図で$\overline{X}$を使う理由

　筆者が管理図の講師をする際，受講生から「$\overline{X}-R$管理図では，なぜ，わざわざ$\overline{X}$を使うのか？　一つひとつのデータを見たほうが早いのではないか？」という質問を受けることがある．$\overline{X}-R$管理図では，$\overline{X}$はロット間，Rはロット内のばらつきの異常を見るための管理図であるが，確かに，一つひとつのデータには一切目もくれず，「$\overline{X}$やRの値が管理限界線に達したかどうか，といった異常ルールに該当するか」を見ている．

　図表B.1はコラム1で紹介した$\overline{X}-R$管理図（**図表A.1**）に一つひとつのデータを表示しているが，これらのいくつかが管理限界線を越えており，受講生には気になるのだろう（そもそも管理限界線は$\overline{X}$やRが対象であり，一つひとつのデータは対象ではないが）．わざわざ$\overline{X}$やRを計算するのも手間がかかるので，その質問も頷ける．

　なぜ一つひとつのデータを使わずに$\overline{X}$を使うのか．主な理由は2つある．

　まず1つ目は，平均値だからこそ異常を検出できるルールがいくつかあるからである．例えば，JIS Z 9020-2：2016には連続9点の連（中心線の上・下側に連続してプロットが続く状態）を異常ルールとしている．$\overline{X}$は中心線

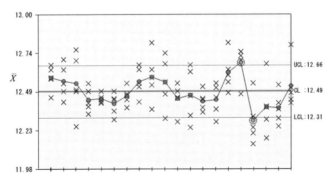

図表B.1　$\overline{X}-R$管理図上への一つひとつのデータの表示

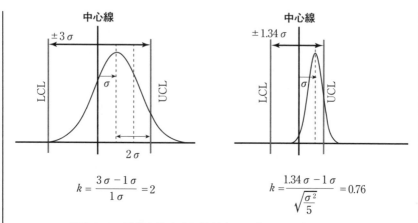

$$k = \frac{3\sigma - 1\sigma}{1\sigma} = 2 \qquad k = \frac{1.34\sigma - 1\sigma}{\sqrt{\dfrac{\sigma^2}{5}}} = 0.76$$

図表 B.2　異常の検出力の比較（サンプルサイズ5の場合）

に対して1/2の確率で上・下側のどちらか一方にプロットされるので，9回同じ側にプロットされる確率は$(1/2)^9 \fallingdotseq 0.2\%$となり，異常と判断している．このような平均値によって検出する異常ルールは他にも「上昇・下降が連続6点以上」などがある．

　2つ目の理由は，異常の検出力が一つひとつのデータよりも平均値のほうが高くなるからである．例えば，何らかの理由で平均値が$+1\sigma$ずれたときの検出力を比較してみる．**図表 B.2**(左)が一つひとつのデータの場合であるが，UCL を超える確率は標準正規分布への変換の式から計算すると，$k = 2$となるため，正規分布表より2.28%と求めることができる．一方，平均値の場合は$\overline{X}$の分布が$\mathrm{N}(0, \dfrac{\sigma^2}{5})$となり，LCL，UCL は$\pm 3 \times \sqrt{\dfrac{\sigma^2}{5}} = \pm 1.34\sigma$となる．平均値が$+1\sigma$ずれた場合に，UCL を超える確率は，標準正規分布への変換の式から計算すると，$k = 0.76$となり，その確率は22.3%となる．つまり，平均値を使ったほうが，一つひとつのデータよりも約10倍も異常への検出力が高いことがわかる．

　「以上が$\overline{X}$が使われる理由だ」と説明すると，多くの受講生は納得する．

第3章
層別

　QC 七つ道具の一つにも挙げられる「層別」はデータを何らかの基準・視点によっていくつかのグループに分け，特徴や問題点を見つけやすくするツールである．品質管理で「分ければ分かる」という言葉があるように，問題を解決するためには上手に分けることが重要である．SQC や機械学習においても同様で，製品や工程など素性の異なる母集団のデータを一つの母集団のデータとして解析してしまうと，正しい解析ができないことは明らかである．

　本章で扱う層別の手法は，SQC はクラスター分析，機械学習は混合ガウス分布となる．クラスター分析は階層的クラスター分析と非階層的クラスター分析があり，サンプル間の距離や重心からの距離などを使って層別していく．一方，混合ガウス分布は複数の多次元正規分布が重なったとして層別する．

3.1　クラスター分析と混合ガウス分布の使い分け

　JUSE-StatWorks/V5 の層別手法は SQC のクラスター分析と機械学習の混合ガウス分布である．両者は固有技術で考えて，同じ座標において分布が重なるか，重ならないかで使い分ける．その解析イメージを図表3.1 に示す．2つの正規分布が重なった分布に対して，クラスター分析で解析すると図表3.1 (A)となり，混合ガウス分布で解析すると図表3.1(B)となる．このように，クラスター分析では同じ座標のサンプルはどちらか一方のグループに属する結果となり，混合ガウス分布では同じ座標でも分布の重なりを考慮したグループ分けの結果となる．ここでは，正規分布が重なっている前提なので，混合ガウス分布を選択するのがよいことになる．

　以下の節で，実際に両者で解析して比較してみよう．

(A) クラスター分析

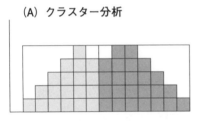

(B) 混合ガウス分布

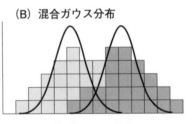

図表3.1 クラスター分析と混合ガウス分布の解析イメージ

3.2 SQC ―クラスター分析

　SQC のクラスター分析は, 複数の説明変数(量的データ)をもとに, 対象となるデータ群を類似しているサンプル同士のいくつかのグループ(クラスター)に分ける方法の総称である. 代表的な方法に階層的方法と非階層的方法があり, JUSE-StatWorks/V5 では階層的クラスター分析(凝集型)と非階層的クラスター分析(k-means 法)が搭載されている. 使い分けの目安としては, サンプルサイズが 100 以下など比較的小さい場合には前者がよく, それ以上になると後者が向いている. その理由として, デンドログラムを描いてグループ数の決定やサンプルの結合の様子を確認していく前者は, サンプルサイズが 100 程度までがこの確認をしやすく, それ以上だとデンドログラムが大きくなりすぎて確認が難しくなるからである. さらに, 計算時間を要するという問題もある.

　また, もう1つの使い分けの目安は「クラスター数(グループ数)が既知か未知か」であり, 既知であれば, 非階層的クラスター分析がよい. グループ数の既知情報から初期配置を決め, クラスターごとに平均値と平方和を用いて, サンプルのグループ移動と再配置を繰り返しながら平方和が最小になるように改良を進めて最適化していく. 一方, 階層的クラスター分析はデンドログラムや後述する一様性推移プロットからクラスター数を決定していく.

　図表3.2 は, ある材料のメーカ A とメーカ B の部品のある特性データのヒストグラムである(各 $n = 100$). 平均値に違いがあり, 2つの山が重なってい

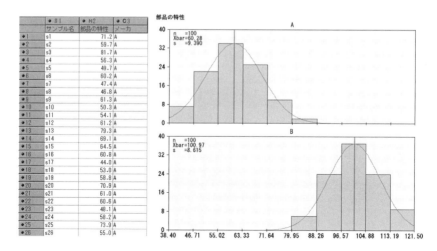

図表3.2　ある材料のメーカごとの部品特性

る．ここから「部品の特性」を使ってクラスター分析で解析してみる．なお，このデータは，メーカ A とメーカ B と最初からクラスター数が 2 とわかっているので非階層的クラスター分析を選択する．

　解析は，メニューから［手法選択］—［多変量解析］—［非階層的クラスター分析(k-means 法)］をクリックする．表示される［変数指定のダイアログ］で，量的変数の［部品の特性］を解析対象に選択して次へ進む．**図表 3.3**(左)の［試行回数］のダイアログでは 1 〜 5 を選べるが，初期配置によってクラスターの結果も異なるので，その安定性を見るためにデフォルトの 5 のまま OK をクリックする．次に，［初期クラスター配置］のダイアログとなるので，**図表 3.3**(右)のようにクラスター数にすべて 2 を入力する．2 を入れるのは最初からクラスター数が 2 (メーカ A とメーカ B)とわかっているからである．入力したら［OK］をクリックする．

　すると，［クラスタリング結果］が**図表 3.4** のように示される．初期配置に乱数を使用しているため，毎回クラスタリング結果も異なるので注意が必要である．なお，**図表 3.4** と結果を一致させるには乱数のシード値を 10000 とすればよい．さて，結果の見方であるが，サンプル名 s1 の試行 1 にある「1」は

図表3.3　試行回数と初期クラスター配置のダイアログ

No	サンプル名	試行1	試行2	試行3	試行4	試行5	部品の特性
1	s1	1	2	1	2	1	71.2
2	s2	1	2	1	2	1	59.7
3	s3	2	1	2	1	2	81.7
4	s4	1	2	1	2	1	56.3
5	s5	1	2	1	2	1	49.7
6	s6	1	2	1	2	1	60.2
7	s7	1	2	1	2	1	47.4
8	s8	1	2	1	2	1	46.8
9	s9	1	2	1	2	1	61.3
10	s10	1	2	1	2	1	50.3
11	s11	1	2	1	2	1	54.1
12	s12	1	2	1	2	1	61.2
13	s13	1	2	1	2	1	79.3
14	s14	1	2	1	2	1	89.1
15	s15	1	2	1	2	1	64.5
16	s16	1	2	1	2	1	60.8
17	s17	1	2	1	2	1	44.0
18	s18	1	2	1	2	1	53.0
19	s19	1	2	1	2	1	58.8
20	s20	1	2	1	2	1	70.9
21	s21	1	2	1	2	1	61.0
22	s22	1	2	1	2	1	60.6
23	s23	1	2	1	2	1	48.1
24	s24	1	2	1	2	1	58.2

図表3.4　クラスタリング結果

クラスター1に属すると解釈する．サンプル名s1を試行ごとにみると，試行1と試行3，試行5がクラスター1，試行2と試行4がクラスター2となっている．試行2と試行4のクラスター表示を2→1に変更したほうが整合するため，メニューボタンの［クラスター番号の入替］で2→1に変更するとサンプル名s1の試行1～5の数字が揃い，**図表3.5**のようになる．

　ここから，**図表3.6**に示す［クラスター統計量］のタブに移り，試行ごとの

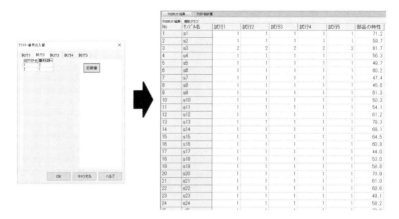

図表 3.5 クラスター番号の入替え

平均値一覧

No	試行No	クラスター数	クラスターNo	サンプル数	部品の特性
1	ALL	1		200	80.63
2	1	2	2	99	60.06
			2	101	100.79
3	2	2	2	101	100.79
			1	99	60.06
4	3	2	2	1	99	60.06
			2	101	100.79
5	4	2	2	101	100.79
			1	99	60.06
6	5	2	1	99	60.06
			2	101	100.79

分散一覧

No	試行No	クラスター数	クラスターNo	サンプル数	部品の特性
1	ALL	1		200	496.807
2	1	2	2	99	84.215
			2	101	77.037
3	2	2	2	101	77.037
			1	99	84.215
4	3	2	1	99	84.215
			2	101	77.037
5	4	2	2	101	77.037
			1	99	84.215
6	5	2	1	99	84.215
			2	101	77.037

図表 3.6 各クラスターの統計量(平均値一覧と分散一覧)

平均値一覧や分散一覧などを確認し,クラスターの特徴を考察する.平均値一覧を見ると,クラスター1はサンプルサイズ99,平均値60.06,クラスター2はサンプルサイズ101,平均値100.79と5回とも同じクラスタリング結果に落ち着いた.この傾向は分散も同じであった.[クラスタリング結果]のタブに戻り,メニューボタンの[変数登録]をクリックすると[変数への登録]ダイアログとなるため,そのまま[OK]とする.ウィンドウを閉じてデータシートに戻ると,5回のクラスタリング結果が追加されている(図表3.7).このクラスタリング結果をよく見ると,サンプル名 s3 はメーカ A なのに,クラスタリング結果はクラスター2(c2 と表記)と誤った結果となっていることがわかる.

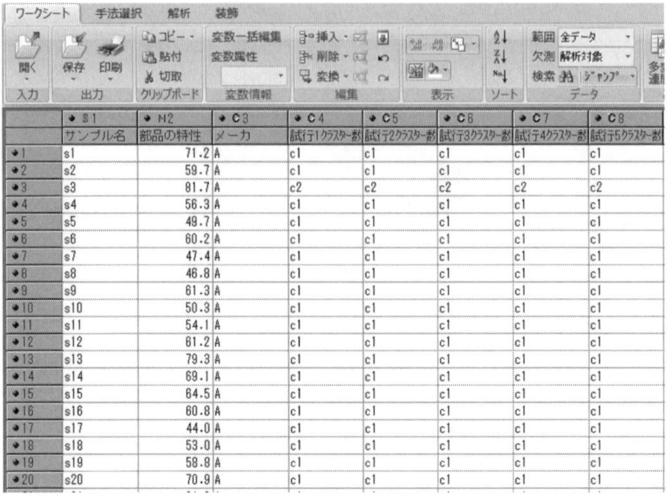

図表3.7 クラスタリングの結果が追加されたデータシート

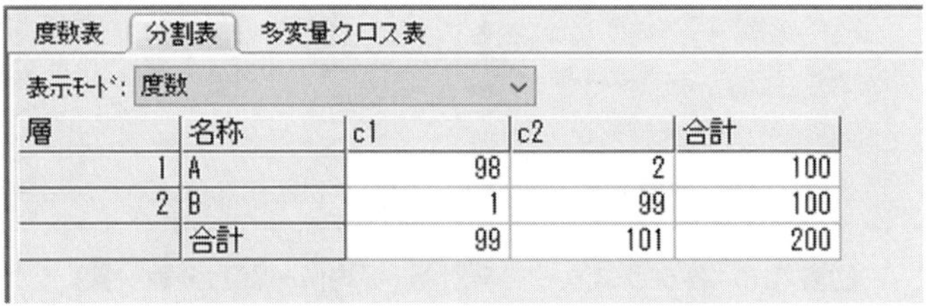

図表3.8 メーカと試行1の分割表

　この他にも，サンプル名 s87, s183 が本来と違ったクラスタリング結果となった．このように本来の属性と異なる結果となった数を調べるには，分割表が便利である．メニューから［基本解析］―［度数表/多変量クロス表］をクリックすると，［度数表の変数指定］ダイアログとなるので，［メーカ］と［試行1クラスター数2］を解析対象に選択して次へ進む（本節では，試行1～試行5まで同じクラスタリング結果のため，代表して試行1のみを選択）．［度数表］が表示されるので，そのまま［分割表］のタブに移動する（図表3.8）．

	● S 1	● N2	● C3	● C 4	● C5	● C6	● C7	● C8
	サンプル名	部品の特性	メーカ	試行1クラスター数	試行2クラスター数	試行3クラスター数	試行4クラスター数	試行5クラスター数
● 100	s100	73.8	A	c1	c1	c1	c1	c1
● 25	s25	73.9	A	c1	c1	c1	c1	c1
● 54	s54	74.7	A	c1	c1	c1	c1	c1
● 77	s77	74.9	A	c1	c1	c1	c1	c1
● 83	s83	75.0	A	c1	c1	c1	c1	c1
● 50	s50	75.5	A	c1	c1	c1	c1	c1
● 35	s35	78.4	A	c1	c1	c1	c1	c1
● 13	s13	79.3	A	c1	c1	c1	c1	c1
● 183	s183	80.3	B	c1	c1	c1	c1	c1
● 87	s87	80.6	A	c2	c2	c2	c2	c2
● 188	s188	81.3	B	c2	c2	c2	c2	c2
● 3	s3	81.7	A	c2	c2	c2	c2	c2
● 163	s163	83.6	B	c2	c2	c2	c2	c2
● 155	s155	86.7	B	c2	c2	c2	c2	c2
● 169	s169	87.4	B	c2	c2	c2	c2	c2
● 134	s134	87.9	B	c2	c2	c2	c2	c2
● 126	s126	88.4	B	c2	c2	c2	c2	c2
● 157	s157	88.5	B	c2	c2	c2	c2	c2
● 125	s125	88.7	B	c2	c2	c2	c2	c2
● 165	s165	88.7	B	c2	c2	c2	c2	c2
● 146	s146	90.2	B	c2	c2	c2	c2	c2
● 172	s172	90.3	B	c2	c2	c2	c2	c2

図表 3.9 昇順に並び替えたデータシート

これより，間違った組合せは A-c2 の 2 個と B-c1 の 1 個の計 3 個と確認することができる．「実際に図表 3.1(A)のような層別結果になっているかどうか」は，データシートの部品の特性列を昇順に並び替えるとわかりやすい．それが図表 3.9 で，太線がクラスタリングの境界となる．80.3 より小さければクラスター 1，80.6 以上はクラスター 2 となる．また，ここでもクラスタリング結果が本来と違っているサンプル名を s3，s87，s183 と確認できる．

3.3 機械学習―混合ガウス分布

次に機械学習の混合ガウス分布で解析する．メニューから［手法選択］―［機械学習］―［混合ガウス分布］をクリックする．変数選択ダイアログでは［部品の特性］を選択し，次へ進む．［データ］のタブにあるヒストグラム一覧や散布図行列などの基本的な統計量を確認したら，［モデル］のタブをクリックする．表示される［モデル設定］ダイアログでは，図表 3.10 のように情報量規

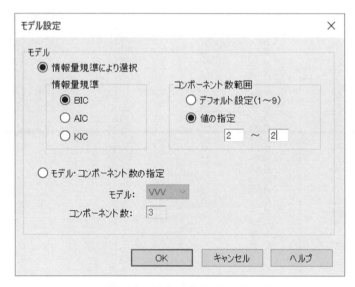

図表 3.10　モデル設定のダイアログ

準は一般的によく使われる BIC にし，コンポーネント数範囲は値の指定で
「2〜2」とする(なお，実践においてはモデル・コンポーネント数の指定が必
要となる場合もあるが，ここでは省略する).

　コンポーネント数が「2」となる理由は前述のとおり，「メーカが A と B の
2つある」のが既知であるためである．[OK] をクリックすると，**図表 3.11**
のように [パラメータ推定値] のタブに層別の結果が表示され，コンポーネン
ト2 (メーカ A)およびコンポーネント3 (メーカ B)の2つのグループに層別さ
れた．それぞれのサンプルサイズは99と101で，ほぼ均等な層別結果となっ
た．[散布図行列] のタブでは2つのグループのヒストグラムが表示され，2
つの正規分布が重なって表現されている.

　さらに，[サンプル一覧] のタブまで移動すると，各サンプルの [所属クラ
スター] と [所属確率] が表示される(**図表 3.12**)．例えば，サンプル名 s2 で
は [所属確率] が「クラスター2　0.957」「クラスター3　0.000」と確率的
にもクラスター2に属すると理解できる(クラスター2はメーカ A，クラス

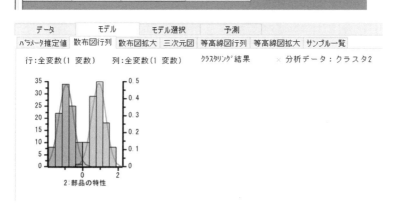

図表 3.11 パラメータ推定値(上)と散布図行列(下)

ター 3 はメーカ B).この画面でクラスタリングを誤ったサンプルを確認する
と,サンプル名が s3,s87,s183 と非階層的クラスター分析の結果と同じで
あった.

　ただし,[所属確率]を確認すると s3 では,「クラスター 2 　0.018」「クラ
スター 3 　0.036」とかなり近い確率である.s87 や s183 についても,ほぼ同
じ所属確率であり,「どちらに属するのか技術的に考察したほうがよい」とい
うシグナルを出しているともいえる.これが**図表 3.1**(B)に対応しているとも
いえるので,同一座標がある場合にも,所属確率からどちらに属するのか考察
しやすくなる.

データ	モデル		モデル選択	予測					

ﾊﾟﾗﾒｰﾀ推定値 散布図行列 散布図拡大 三次元図 等高線図行列 等高線図拡大 サンプル一覧

変数の数：1　サンプル数：200　モデル：EII（楕円大きさ：全群共通，楕円形状：全群共通（円），楕円回転：回転無し）
コンポーネント数：2　パラメータ数：4　推定法：最尤法（EMアルゴリズム）　対数尤度：-236.201　BIC：493.594　AIC：480.401　KIC：484.401

No	サンプル名	所属クラスタ	確率密度	事後確率		確率密度		所属確率	
				クラスタ2	クラスタ3	クラスタ2	クラスタ3	クラスタ2	クラスタ3
1	s1	1	0.235	0.990	0.010	0.233	0.002	0.225	0.001
2	s2	1	0.484	1.000	0.000	0.484	0.000	0.957	0.000
3	s3	2	0.083	0.352	0.648	0.029	0.054	0.018	0.036
4	s4	1	0.442	1.000	0.000	0.442	0.000	0.668	0.000
5	s5	1	0.249	1.000	0.000	0.249	0.000	0.248	0.000
6	s6	1	0.405	1.000	0.000	0.405	0.000	0.999	0.000
7	s7	1	0.180	1.000	0.000	0.180	0.000	0.159	0.000
8	s8	1	0.163	1.000	0.000	0.163	0.000	0.140	0.000
9	s9	1	0.481	1.000	0.000	0.481	0.000	0.903	0.000
10	s10	1	0.268	1.000	0.000	0.268	0.000	0.276	0.000
11	s11	1	0.307	1.000	0.000	0.307	0.000	0.502	0.000
12	s12	1	0.482	1.000	0.000	0.482	0.000	0.911	0.000
96	s96	1	0.367	0.999	0.001	0.366	0.000	0.453	0.000
97	s97	2	0.080	0.482	0.518	0.039	0.042	0.025	0.026
98	s98	1	0.427	1.000	0.000	0.427	0.000	0.813	0.000
182	s182	2	0.412	0.000	1.000	0.000	0.412	0.000	0.551
183	s183	1	0.080	0.519	0.481	0.042	0.039	0.027	0.024
184	s184	2	0.436	0.000	1.000	0.000	0.436	0.000	0.622

図表 3.12　各サンプルの所属確率一覧

つまり，同一座標のサンプルが10個あるとき，いったんは所属確率が（わずかでも）高いクラスターにすべて所属されるが，s3のように所属確率の差が小さければ，10個のサンプルをそれぞれのクラスターに振り分けることを検討する．正確な比率で振り分けることまでは困難だが，「所属確率の差が小さいことは，どちらに属するかの振り分けを示唆している」と捉えることができる．

また，メニューボタンの［変数登録］から所属クラスターを選択して［OK］をクリックすると，データシートに登録されるので，先ほど分割表で確認したように，クラスタリングを誤った個数を確認することができる．

3.4　本章のまとめ

本章の冒頭で述べたが，SQCのクラスター分析（階層的クラスター分析，非階層的クラスター分析）と機械学習の混合ガウス分布は，「同じ座標で分布が重なるか重ならないか」で使い分ければよい．混合ガウス分布では各サンプルの所属確率が算出され，所属確率の高いほうに層別されるため，同一座標のサン

プルが複数あった場合に，どちらに属するのか振り分けを考えていけばよい．

クラスター分析では非階層的クラスター分析(k-means 法)にてクラスタリングを5回試行した．本章の事例は5回とも同じ結果となったが，グループ数などの条件を変更することで，クラスタリング結果も変わる可能性がある．このとき，サンプル S_1 と S_2 がいつも同じクラスターに所属する場合，本当にデータの類似性が高いといえるし，その逆に試行のたびに所属するクラスターが異なるならば，類似性はそれほど高くないといえる．このようなことにも注目してクラスタリングの結果を考察するとよい．

3.5 補足—階層的クラスター分析

クラスター分析の説明に用いた**図表 3.2** のデータでは，最初から2グループとわかっていたため非階層的クラスター分析(k-means 法)で解析した．ただし，実践においては，最初からグループ数がわかっていることは稀であり，階層的クラスター分析で解析することも多い．そのため，補足として**図表 3.2** のデータを階層的クラスター分析で解析してみる．

階層的クラスター分析の解析はメニューから［手法選択］—［多変量解析］—［階層的クラスター分析］をクリックする．表示される［階層型クラスター分析の変数指定］のダイアログで，［部品の特性］を解析対象として次へ進む．［解析方法の指定］のダイアログでは，**図表 3.13** のとおり，分析の種類は［サンプルの分類］，標準化方法は［(x-xbar)/s］，クラスター化法は［ウォード法］，類似係数は［平方ユークリッド距離］と，ここではデフォルトの設定をそのまま使う．

図表 3.13 からわかるように，クラスター化法や類似係数は実にさまざまな種類がある．しかし，それらの明確な使い分けの基準は存在していないといわれている．3.4 節でも述べたが，さまざまな指標でクラスター分析したときに，サンプル S_1 と S_2 がいつも同じクラスターに属しているなら，それらは本当に類似性の高いことが伺える．その逆に，指標を変えるたびに異なるクラスター

図表3.13　クラスター化法や類似係数

に属するサンプルがあれば，それらは安定していないといえる．なお，クラスター化法の「最短距離法」だけは，連鎖的にクラスターが作成されやすく，疎なクラスターができやすい．疎なクラスターに属するサンプルは他と異なる傾向をもち，外れ値である可能性が高いため，最短距離法だけはこのような外れ値検出で使われることがある．

　次へ進むと**図表3.14**のデンドログラムが表示される．デンドログラムは「各サンプルがどのようにクラスターを形成しているか」を表した樹形図である．本章の事例でメーカ数はAとBの2つなので，クラスター数の設定も2となるが，デンドログラムのクラスター数2の結合レベルは300付近であるのに，その次のクラスター数3の結合レベルは40付近と大きな差がある．一般的には急激に結合レベルの数値が変わるところが最適なクラスター数を示唆することから，この結果からもクラスター数は2が良さそうである．

　次に，メニューボタンにある［一様性推移］をクリックすると，SPRSQ(セミパーシャル平方重相関)，RSQ(平方重相関)，PSF(擬似F統計量)が表示される．値の推移が急激に変化する箇所のクラスター数が最適となる指標もある

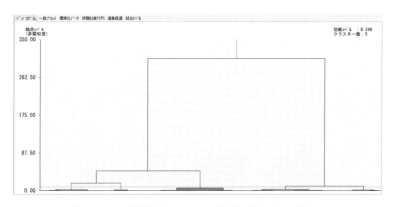

図表3.14 階層的クラスター分析のデンドログラム

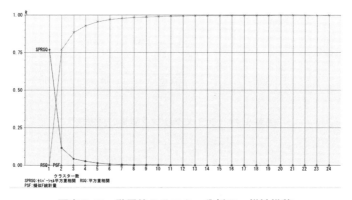

図表3.15 階層的クラスター分析の一様性推移

が，基本的に自動的にクラスター数を決定する方法はない．そのため，それぞれのデータの素性を考えて決定するのがよい（**図表3.15**）．

メニューボタンにある［クラスター数設定］でクラスター数に2を入力し，［OK］をクリックすると，クラスター数2で切断されたデンドログラムとなる（**図表3.16**）．一つひとつのサンプルがどちらのクラスターに属しているかの結果は，メニューボタンの［クラスター情報保存］をクリックすると，変数への登録ダイアログに表示されるので，そのまま［OK］をクリックする．

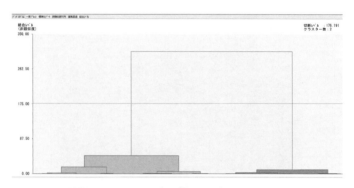

図表3.16　クラスター数2のデンドログラム

層	名称	クラスター1	クラスター2	合計
1	A	100	0	100
2	B	15	85	100
	合計	115	85	200

度数表　分割表　多変量クロス表

表示モード：度数

図表3.17　クラスタリング結果の分割表

ウィンドウを閉じて，データシートに戻ると，前述の図表3.5のようにクラスター番号(クラスター1がメーカA)が追加されている．ここで，［分割表］を確認したものが図表3.17で，本来，メーカBの属性であるサンプル100個中，15個がメーカAに属するというクラスタリング結果となった．

コラム3　ばらつきを考慮する重要性

「ものづくりは"ばらつき"との戦い」といわれることがある．平均値が目標値を達成していても，ばらつきを見ると　一部が規格を下回る(いわゆる不良となる)こともある．設計・開発においては平均値が目標値を達成し

ない場合，まず，その達成を目指して改善するので，そもそも後工程に進むことはない．しかし，平均値が目標値を達成した場合に安心してしまい，ばらつきを十分確認しないまま，後工程へと進んでしまった結果，ばらつきの問題が発生することはあり得るだろう．

具体例で見ていきたい．あるメーカより新材料の売り込みがあり，「強度規格 80(N) 以上に対して，新材料の強度は平均値 100(N) だ」と説明があったとする．このとき，どのように判断すべきだろうか？

平均値 100(N) という情報だけではばらつき具合までわからない．例えば，ばらつきが大きい 2 つのデータ 50 と 150 も，ばらつきが小さい 2 つのデータ 99 と 101 も同じ平均値 100 となるので，必ずばらつきを確認したい．

この場面でばらつきを簡易的に把握できる便利な指標が「標準偏差 (*s*)」である．使い方は，平均値 ± ○ *s*(○は 1，2，3 など) を計算することでおおよそのばらつきを把握できる．この例でメーカにばらつきを確認すると「標準偏差 *s* = 10」であった．ものづくりに多い正規分布を仮定すると，**図表 C.1** から 100 ± 2 *s*(**図表 C.1** は母標準偏差のため *σ*) は 80～120 となり，その範囲に約 95% のデータが入ることになる．つまり，80 以下となる確率は約 2.5% あることになる．そのため，「100 個作ったうち，約 2.5% にあたる 2 ～ 3 個が規格を外れることを許容できるか？」を判断することになる．

このように，標準偏差を使うことでばらつきをおおよそ把握することができる．なお，標準偏差ではなく，「最小値」や「最大値」を使うこと (平均値

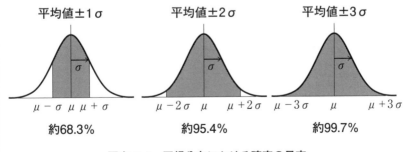

図表 C.1　正規分布における確率の目安

が100で最小値は85など)もあり得るが，これらは1点だけのデータの値であり，データの裏に存在するであろう正規分布を仮定できないので規格を外れる確率を計算できない．今あるデータからそれを計算できる標準偏差のほうが扱いやすい．なお，標準偏差にも注意が必要な場面はある．例えば，平均値 ± 3 σ に入る確率99.7%というのは「正規分布」が前提である．第2章でデータの可視化の大切さを述べたように，必ずヒストグラム等で正規分布なのかを把握すべきである．図表C.2のように正規分布に従ってない場合には平均値 ± 3 σ に入る確率は99.7%とならないので注意してほしい．

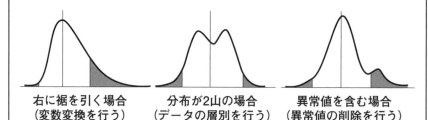

右に裾を引く場合　　　　分布が2山の場合　　　　異常値を含む場合
（変数変換を行う）　　（データの層別を行う）　（異常値の削除を行う）

図表C.2　正規分布に従ってない分布の例

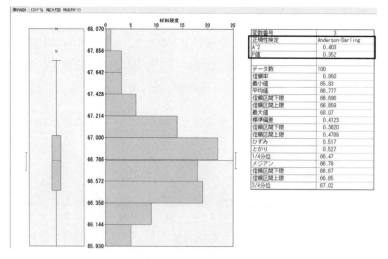

図表C.3　正規性の検定(Anderson-Darling)

　JUSE-StatWorks/V5 には正規分布に従っているかどうかの指標として，「ひずみ，とがり」「Anderson-Darling，Shapiro-Wilk の正規性の検定」がある．

　ひずみ，とがりの目安は絶対値 1.5 以下である．また，正規性の検定は，「H_0：データは正規分布である」「H_1：データは正規分布ではない」と仮定して，各検定方法に対する検定統計量を求めることで P 値を計算し 0.05 以下の場合には，有意水準 5 ％で仮説が棄却される．例えば，**図表 C.3** は「G2_0101_製品硬度のばらつき低減」の材料硬度を［基本解析］—［モニタリング］で解析した結果となる．正規性の検定は Anderson-Darling であり，P 値が 0.352 のため，「正規分布に従ってないとはいえない」ことになる．

コラム 4　検定と推定の使い方

　筆者は TQM の普及・推進を担当する前は，半導体のプロセスエンジニアであり，製造条件や製造装置を変更する際は業務プロセスに「検定・推定」が組み込まれており，しばしば活用していた．「何かを変更したら，必ずその差を検定し，効果を確認するように」と，諸先輩方より教わってきた．「検定」のうれしさは，「小さいサンプルサイズから比較したいものに統計的に有意な差があるのか，差があるとはいえないのか判断できることにある」といえるだろう．

　例えば，以下のような活用ケースが多い．
- A 社と B 社の特性値を比較して，採否の判断をしたい．
- 材料を変更したが，以前の材料より強度が向上したか確認したい．

　具体的な解析例を紹介しよう．例えば，樹脂部品の材料見直しのため，「既存の材料 A から新規の材料 B に変更し，強度が変わったかどうか」を調べたいとする．このとき，各材料で 10 個ずつ成形し，強度を測定した結果は**図表 D.1** となった．

図表 D.1　材料 A と材料 B の部品強度データ（対応のないデータ）

	1	2	3	4	5	6	7	8	9	10	平均値
材料A	90	102	107	99	98	102	109	101	92	100	100.0
材料B	95	97	106	107	102	115	108	109	107	105	105.1

単位（N）

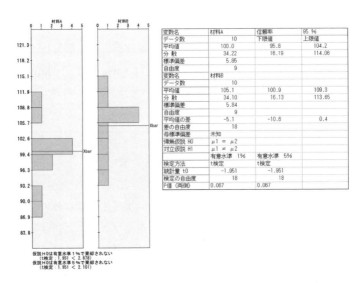

変数名	材料A	信頼率	95 %
データ数	10	下限値	上限値
平均値	100.0	95.8	104.2
分　散	34.22	16.19	114.06
標準偏差	5.85		
自由度	9		
変数名	材料B		
データ数	10		
平均値	105.1	100.9	109.3
分　散	34.10	16.13	113.65
標準偏差	5.84		
自由度	9		
平均値の差	−5.1	−10.6	0.4
差の自由度	18		
母標準偏差	未知		
帰無仮説 H0	$\mu 1 = \mu 2$		
対立仮説 H1	$\mu 1 \neq \mu 2$		
	有意水準 1%	有意水準 5%	
検定方法	t検定	t検定	
統計量 t0	−1.951	−1.951	
検定の自由度	18	18	
P値（両側）	0.067	0.067	

図表 D.2　2つの母平均の差の検定

　ここで，自分の部下から，「平均値が材料 A は 100（N），材料 B は 105 （N）と，5（N）も差があるので，材料 A と材料 B では強度に差があります」と報告があった場合，どのように判断すべきだろうか．先に述べたように，このようなケースで「統計的に有意な差があるかどうか」を合理的に判断できるのが「検定」である．JUSE-StatWorks/V5 では，メニューの［検定・推定］―［2つの母平均の差］から解析すると図表 D.2 となる（母標準偏差は未知，対立仮説は $\mu 1 \neq \mu 2$ である）．

　この結果より，有意水準5％で帰無仮説は棄却されなかったため，平均値

に差があるとはいえない．つまり，平均値が5(N)の差はばらつきの範囲内
と判断できる．このように「検定」は合理的な判断に活用できるが，もう一
方の「推定」も，ものづくりにおいては大事な考え方である．

「推定」は新材料で量産したときに，「どれくらいの範囲で部品強度がばら
つくのか」を確認できる．先の検定結果の材料Bの平均値の欄には，
100.9〜109.3の95%の信頼区間も出力されている．これが「平均値の信頼
区間」であるが，実践においては量産したときの「一つひとつのデータがと
り得る強度の範囲」を把握すべきである．これを「個々のデータの予測区
間」とよび，以下の式で求める．

$$\bar{x}-t(\phi,\alpha)\sqrt{\left(1+\frac{1}{n}\right)V} \leqq \hat{x} \leqq \bar{x}+t(\phi,\alpha)\sqrt{\left(1+\frac{1}{n}\right)V}$$

計算すると，「個々のデータの予測区間」は91.3〜119.0となり，次に
「この範囲で量産することで問題となるかどうか」を判断していく．

さて，その他の活用例として下記のように数個試験して，それを量産した
ときに規格を外れる確率を確認することがあるので紹介したい．

新構造の締結部の強度規格が100(N)以上であり，強度試験を実施し，以
下の結果を得られたとする．

- 試験結果：106，135，120，111，127(N)　（平均値119.8(N)）

このとき，「試験結果は平均値119.8(N)あるし，最低でも106(N)あるか
ら問題ない」と判断してよいだろうか．この例題は筆者が講師をする際，受
講生にする定番の質問の1つで，「問題ないと思うか？」と受講生に尋ねる
と，たいていの受講生は「規格100(N)に対して最低が106(N)では余裕が
なくて不安」だと答える．さらに続けて，「どれくらい余裕があれば安心
か？」と聞くと実にさまざまな回答をされる．これらのやりとりを通して受
講生には「推定」の重要性を理解してもらう．

さて，先ほどの個々のデータの予測区間(95%)を計算すると，下記より
84.1〜155.5となる．

- 平均値：$\bar{x}=\dfrac{\sum x_i}{n}=\dfrac{106+135+120+111+127}{5}=119.8$

- 分散 ：$V=\dfrac{\sum(x_i-\bar{x})^2}{n-1}=\dfrac{(106-119.8)^2+\cdots+(127-119.8)^2}{5-1}=137.7$

- 個々のデータの予測区間：$\bar{x}\pm t(n-1,0.05)\sqrt{\left(1+\dfrac{1}{n}\right)\times V}$

$$=119.8\pm2.776\times\sqrt{\dfrac{6}{5}\times137.7}$$

$$=119.8\pm35.7$$

これらを JUSE-StatWorks/V5 で求めるには，データシートに5つの試験結果のデータを入力したうえで，メニュー［基本解析］—［統計量/相関係数］を選択し，基本統計量を表示させる．すると，メニューボタンの［オプション］から表示する統計量を選べるので，［データ予測下限］および［データ予測上限］を信頼率95％で選ぶと**図表 D.3** のように 84.1〜155.5 と個々のデータの予測区間が表示される．

次にどれくらい規格下限の 100 を下回るかを求めてみよう．これは t 分布から計算できる（下記の式を用いる）．

$$t=\dfrac{\bar{x}-SL}{\sqrt{V\left(1+\dfrac{1}{n}\right)}}$$

ここで，$\bar{x}=119.8$，$SL=100$，$V=137.7$，$n=5$ となり，t の値は次のように 1.540 と求めることができる（**図表 D.4**）．

基本統計量	順序統計量 相関係数行列		サンプル数:	5

No	変数名	データ予測下限	データ予測上限
2	試験結果	84.1100	155.4900

図表 D.3 個々のデータの予測区間

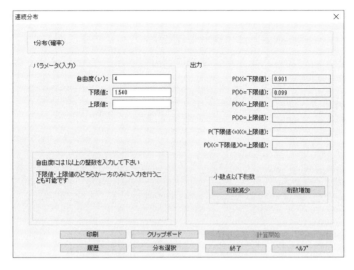

図表 D.4 *t* 分布での規格を下回る確率

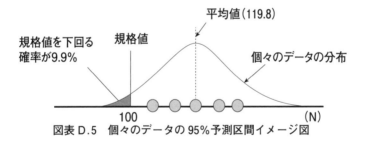

図表 D.5 個々のデータの 95% 予測区間イメージ図

$$t = \frac{119.8 - 100}{\sqrt{137.7\left(1 + \dfrac{1}{5}\right)}} = 1.540$$

　次にメニューの［検定・推定］─［確率値の計算］から，［連続分布］─［t 分布（確率）］を選択し，自由度を 4 に，下限値には先に求めた *t* = 1.540 を入力する．すると，$P(X \geq$ 下限値）：0.099 が 100 を下回る確率となる（規格値を下回る確率が 9.9% と求められる）．

　以上の結果を図示すると**図表 D.5** となる.

　本コラムでは「検定」と「推定」の実践的な使い方を説明した.「検定」は「差があったかどうか」を合理的に判断できる.また,「推定」は「量産した際にどの程度ばらつくのか」を合理的に見積もることができる.両者とも,ものづくりにおいては大切な基本的な考え方となる.

第4章
情報の要約

　データ情報を要約する手法として，本章ではSQCの主成分分析と機械学習のカーネル主成分分析について説明する．主成分分析は，多くの説明変数（量的データ）をできる限り情報の損失を少なくして少量の総合特性値（主成分とよぶ）で表現し，ポジショニングなどからデータの特徴を把握する手法である．

　主成分分析は，数多くの変数があってグラフやヒストグラムを一つひとつ描いても，詳細に見切れないときに，上手に情報を要約して，特徴や傾向を把握したり，全体のなかでの各サンプルの位置づけを確認したりすることに有効である．一方，機械学習のカーネル主成分分析は，高次元特徴量空間に写像して，主成分分析では見つけにくい特徴を発見したり，その空間上でグルーピングしていく手法となる．

4.1　SQC —主成分分析

　あるクラスの生徒31名の5教科のテスト結果を**図表4.1**に示す．このデータを主成分分析で解析し，データの特徴や各サンプルの位置づけを把握してみる．

　主成分分析の解析は，メニューから［手法選択］—［多変量解析］—［主成分分析］をクリックする．表示される［主成分分析の変数指定］ダイアログで，すべての変数（国語，数学，社会，理科，英語）を選択して次へ進む．［出発行列］を選択する画面が表示された後，［相関係数行列］を選択して［OK］をクリックすれば**図表4.2**の［固有値］が表示される．固有値は各主成分に要約された情報量の大きさを示す値である．相関係数行列を出発行列とした場合，固有値の合計は変数の数と等しくなるので，**図表4.2**の固有値の合計は5教科の5となる．また，寄与率は「その主成分が全体の情報の何%を説明している

	● S1	● N2	● N3	● N4	● N5	● N6
	サンプル名	国語	数学	社会	理科	英語
● 1	s1	75	73	74	78	71
● 2	s2	82	60	94	63	85
● 3	s3	67	70	73	72	66
● 4	s4	65	68	71	70	64
● 5	s5	84	62	87	64	77
● 6	s6	58	73	68	69	70
● 7	s7	75	58	90	62	82
● 8	s8	82	57	87	56	80
● 9	s9	75	78	75	75	69
● 10	s10	75	68	73	75	69
● 11	s11	58	88	70	82	83
● 12	s12	84	84	83	84	86
● 13	s13	68	71	74	73	67
● 14	s14	61	94	73	79	83
● 15	s15	86	82	80	80	83
● 16	s16	66	68	67	74	66
● 17	s17	76	61	91	57	78
● 18	s18	69	71	72	69	78
● 19	s19	56	95	68	85	85
● 20	s20	69	67	68	72	65
● 21	s21	74	61	90	55	79
● 22	s22	68	76	67	71	64
● 23	s23	60	61	58	73	65
● 24	s24	55	88	72	83	74
● 25	s25	69	71	72	69	77
● 26	s26	86	84	85	86	88
● 27	s27	67	79	70	67	75
● 28	s28	76	69	76	76	70
● 29	s29	65	90	68	84	77
● 30	s30	55	89	67	78	75
● 31	s31	86	94	67	63	70

図表 4.1　5教科のテスト結果

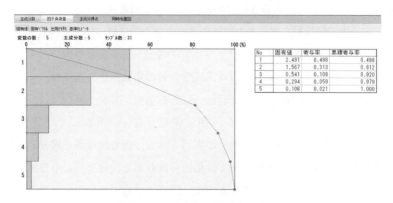

図表 4.2　固有値と累積寄与率

か」を示している．本節では No.1 の寄与率が 0.498 のため，第 1 主成分で全体の 49.8％を説明していることになる．

　主成分分析の解析では，すべての主成分を対象とするのではなく，一般的に累積寄与率が 70〜80％を超えた主成分まで，もしくは固有値 1 以上の主成分までを目安にすることが多い．よって，本節では累積寄与率が 81.2％であり，固有値 1 以上となる第 2 主成分まで取り上げて解析を進める．

　次に主成分の軸の意味を解釈するため，［因子負荷量］のタブから［因子負荷量のグラフ］をクリックする．第 2 主成分まで解釈すると決めたため，メニューボタンの［主成分数変更］から主成分の数を 2 と入力して［OK］をクリックすると，**図表 4.3** の因子負荷量のグラフが表示される．

　本節では，因子負荷量の大きさ(絶対値)や符号に注目して軸の解釈を行っていく．第 1 主成分(画面では主成分 1 と表示)では数学と理科がマイナスの大きな値であり，国語と社会がプラスの大きな値を示している．これより，第 1 主成分はプラス側が文系，マイナス側が理系を表す軸と解釈できる．第 2 主成分はすべての教科がプラス側となっていることから総合力を表す軸と解釈する．なお，この例では比較的容易に解釈できたが，ものづくりにおいては固有技術

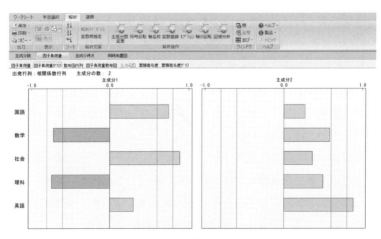

図表 4.3　因子負荷量グラフ(第 1，2 主成分)

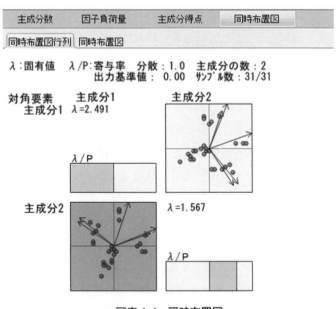

図表 4.4　同時布置図

　の観点で軸の解釈を行うことが大切である.

　次に，［同時布置図］のタブに移動する（図表 4.4）. 前述したように，今回は第 2 主成分まで解釈すると決定したため，主成分 1 と主成分 2 の同時布置図（図表 4.4 の着色部）を選択する. メニューボタンの［拡大］を押すと，**図表 4.5** が表示されるため，ここからサンプルの特徴を考察していく. なお，取り上げる主成分が第 3 主成分までの場合には，第 1 主成分―第 2 主成分，第 1 主成分―第 3 主成分，第 2 主成分―第 3 主成分の 3 つの同時布置図を考察していく必要があるので注意したい.

　同時布置図（**図表 4.5**）の解釈であるが，第 1 主成分はプラス側が文系，マイナス側が理系，第 2 主成分はプラス側が高い総合力であった. 各サンプルの布置されたポジションと照らし合わせると，**図表 4.5** に示す 5 つのグループに分類することができる. つまり，優等生グループは s12, s15, s26, 理系グループは s11, s14, s19, s24, s29, s30 となる. このように，主成分分析によっ

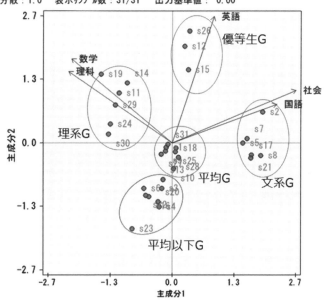

図表 4.5 同時布置図の解釈

てサンプルの特徴ごとにグルーピング(分類)することができた.

　次に「ML_M03_03_カーネル法による分類」に対して主成分分析を実施してみる．このデータの散布図は**図表 4.6** となり，2 つのカテゴリで内側と外側に分かれたデータと確認できる．このデータに対して主成分分析で解析した結果を**図表 4.7** に示す．**図表 4.6** とほぼ同じ形であり，主成分分析で解析するメリットがあまりないことがわかる．そもそも，**図表 4.6** で内側と外側に分かれていることが明白なため，その時点で分類をすればよい．

　一般的に，主成分分析は相関があるデータの要約に有効であり，**図表 4.6** のような無相関のデータや非線形データには適さないこともある．このようなデータに対し有効といわれる手法が次節で紹介する機械学習のカーネル主成分分析である．

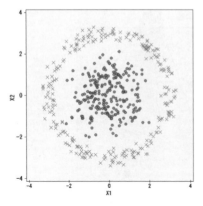
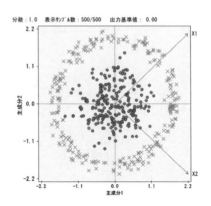

図表 4.6　内側と外側に分かれたデータ　　　図表 4.7　主成分分析の結果

4.2　機械学習―カーネル主成分分析

　カーネル主成分分析は，カーネル法によりデータを高次元特徴量空間に写像し，その空間で主成分分析を行う手法である．解析手順は，メニューから［手法選択］―［機械学習］―［カーネル主成分分析］をクリックする．表示される［変数選択］ダイアログで量的変数 X_1, X_2 を選択し次へ進み，［分析パラメータ］のタブをクリックすると，カーネル主成分分析の解析結果が表示される．

　メニューボタンの［層別］から質的変数 class を選択すると，**図表 4.8** に示す，カーネルパラメータ σ ごとの第 1 主成分，第 2 主成分の散布図が表示される．このデータでは，内側と外側の分類が最もできているカーネルパラメータを選択すればよいため，$\sigma = 0.49116$ を採用する．このように，カーネルパラメータを調整することで，非線形データに対しても識別できることがカーネル主成分分析の強みとなる．

　メニューボタンの［パラメータ σ］から σ の値を 0.49116 に変更し，［固有値］のタブに移動すると，**図表 4.9** に示す固有値や寄与率を，［固有ベクトル］のタブでは固有ベクトルをそれぞれ確認することができる．

　ここで，固有値および寄与率は主成分分析と扱いが異なることに注意が必要

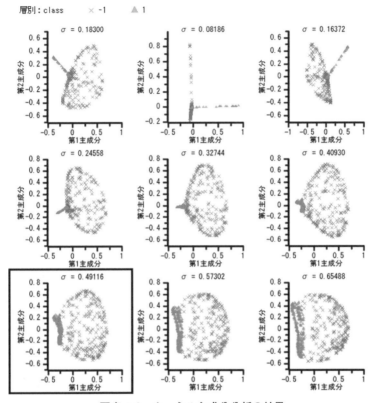

図表 4.8 カーネル主成分分析の結果

である．カーネル主成分分析では固有値の合計は変数の数にならないなど，主成分分析と同じ基準で扱うことができない．つまり，主成分分析のように解釈に取り上げる主成分を累積寄与率 70〜80％以上や固有値 1 以上という基準がないことに注意したい．また，軸の解釈についても高次元特徴量空間に写像した軸を解釈することは，困難であるといわれている．

　つまり，カーネル主成分分析では通常の主成分分析と違い，主成分に意味をもたせることができないという欠点がある．その一方，先に示したようにサンプルの層別や次に示す異常値の発見に期待ができる手法となる．

　異常値の発見例として，主成分分析で解析した 5 教科のテスト結果をカーネ

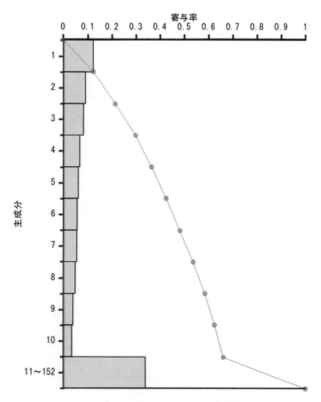

図表 4.9 カーネル主成分分析の固有値($\sigma = 0.49116$)

ル主成分分析で解析してみる．カーネルパラメータ σ をデフォルト（成り行き
のまま解析した場合）の $\sigma = 1.86269$ とした主成分得点の 3 次元図を**図表 4.10**
に示す．原点付近に 1 点だけ他の群とは異なるポジショニング（○で囲われて
いる）のサンプルが存在していることを確認できる．このサンプルを確認する
と s31 であった．s31 のテスト結果を確認すると，国語 86，数学 94，社会 67，
理科 63，英語 70 である．各教科の平均点が国語 70.7，数学 74.5，社会 75.2，
理科 72.4，英語 74.9 であることから，s31 は国語と数学は極めて優秀だが，
社会，理科，英語は平均点以下であると確認できた．主成分分析の解析（**図表
4.5**）では s31 は平均 G に属していたが，実際には 5 つのグループのどこにも

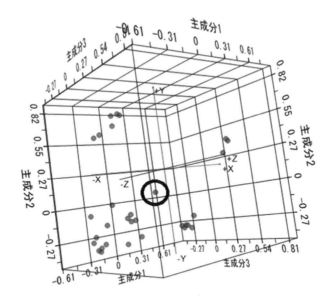

図表 4.10 主成分得点の 3 次元図

属さない存在であることがわかる．このようにカーネル主成分分析によって，他と異なる特徴のサンプルを見つけることができた．

4.3 本章のまとめ

　主成分分析はデータ全体を要約し，特徴を見つけたり，サンプルをグルーピングしたりすることに有効である．一方，カーネル主成分分析は高次元特徴量空間に写像し，他とは違う特徴のあるサンプルを見つけたり，非線形データなどのグルーピングに活用していく手法である．機械学習手法だから SQC より優れているということではなく，目的に応じて両者を使い分けるべきである．

　ものづくりにおいては，まずは主成分分析で解析し，技術的考察を加えて軸を解釈することで新たな知見を獲得し，全体の特徴を捉えていくとよい．解析対象がビッグデータになったとしても主成分分析に必要な計算（分散共分散行列の固有値問題）を解くことができるため，まずは解析して情報要約やグルー

ピングに活用すればよい．その後，主成分分析では見つからなかった異常(つまり高次元特徴量空間上に写像してはじめて見つかる異常の発見等)にカーネル主成分分析を使ってみるとよい．なお，カーネル主成分は高次元特徴量空間に写像しており，軸の解釈が困難であることにも注意したい．

コラム5　○×評価に必要なサンプルサイズ

　コラム4では，「新構造の締結部の強度が量産したときにどれくらい規格100(N)を下回るか」を5個の試験サンプルから推定した．仮にこの評価が100(N)以上ならば○，100(N)未満なら×という○×評価だった場合，試験結果は下記のようにすべて○となる．

- 試験結果：106, 135, 120, 111, 127(N)　(平均値119.8(N))

　つまり，106も135も同じ○となってしまうため，「どれくらい余裕をもって○になるのかを示す情報」が失われてしまう．

　実践においても「○×評価をしているが，目標不良率0.5％をクリアするために何個評価すればよいか」という相談をされる．これは二項分布の考え方で必要なサンプルサイズを求めることができる．

　まず，仮に100個試験してすべて○になる確率をJUSE-StatWorks/V5で求めるには，メニューの［検定推定］—［確率値の計算］—［離散分布］—［2項分布］から，**図表E.1**のように試行回数を100，成功確率を0.005(目標値)，成功回数を0と入力すると，発生確率は60.6％となる(画面では$P(X=x)$：0.606)．つまり100回試験してすべて○の発生確率は60.6％とかなり大きい数値である．この発生確率が危険率5％以下になるサンプルサイズが必要と考える．

　どこまで試験回数を増やせば発生確率が5％以下になるかは，下記の計算から求められる．

$$(1-0.005)^n = 0.05$$

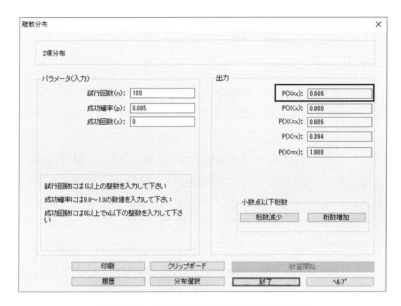

図表 E.1 100 回試験してすべて○の確率

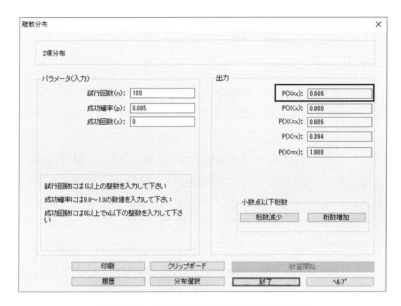

図表 E.2 598 回試験してすべて○の確率

$$n = \frac{\log(0.05)}{\log(1-0.005)} = 598$$

これより，必要な試験回数は 598 となる．つまり，598 個試験して，すべて○となったときに初めて目標を達成できるのである．ちなみに JUSE-StatWorks/V5 で計算しても**図表 E.2** のように 598 の試行回数で $P(X = x):0.05$ となった．

このように○×評価のような質的変数は，情報量の不足を補うために大量データを必要とするので，なるべく連続値（量的変数）で試験評価をすることをお勧めしたい．

コラム6　実験計画の種類と選択方法について

実験計画法には，「要因配置実験」「直交表実験」，さらに「応答曲面法」などがある．研修で最初に教えるのは「要因配置実験」である．この手法では，すべての水準の組合せで実験し，交互作用（組合せ効果）を確認することができる一方，実験回数がどうしても多くなる傾向にある．例えば，実験に取り上げる因子が5あり，各水準数が2とすると，5元配置実験となり，回数は $2^5 = 32$ 回となる．知見が全くない新しい技術を扱っている場合には，この「要因配置実験」を使って「交互作用があるのか，交互作用がないのか」も含めて確認すると，ノウハウの蓄積に繋がっていく．

一方，すでに社内にノウハウや技術蓄積があり，実験に取り上げるべき交互作用が特定されている場合，「直交表実験」を活用していく．例えば，「実験を行う因子は A, B, C, D, E」「すべて2水準」「技術資料や過去の知見から A と B は交互作用があり，それ以外には交互作用がない」とわかっているなら，**図表 F.1** のような L_8 直交表による実験を組めば事足りる．そのため，要因配置実験よりも大幅に実験回数を削減することができる．

筆者は実験計画法の指導をする際，交互作用の根拠を担当者に必ず確認す

図表 F.1 L_8直交表

No.	A	B	$A \times B$	C	D	E	e
1	1	1	1	1	1	1	1
2	1	1	1	2	2	2	2
3	1	2	2	1	1	2	2
4	1	2	2	2	2	1	1
5	2	1	2	1	2	1	2
6	2	1	2	2	1	2	1
7	2	2	1	1	2	2	1
8	2	2	1	2	1	1	2

る．先の例では，「どうして $A \times B$ の交互作用があるといえるのか？」，さらに，「$A \times B$ 以外はなぜ交互作用がないといえるのか？」と問うと，データから交互作用があることを説明してくれたり，技術資料に該当する記載があったり，モデル式で理路整然と説明されたりとさまざまである．なかには，理由が明確に説明できないケースもあり，その場合は実験で取り上げる交互作用を慎重に検討する．もし交互作用がまったくないことが技術的に説明できるなら1因子実験で最適解を求めにいくこともある（非常に稀であるが）．

　実験計画法で大事なのは，得られた最適解が再現実験で再現することである．実験して最適条件を導出することで安心してしまい，再現実験を忘れてしまうことは絶対に避けるべきである．仮に再現しなければ，「取り上げた交互作用が間違っている」など「実験がうまくいかなかったシグナルを直交表実験で出してくれている」と解釈すべきである．

　要因配置実験や直交表実験では実験した水準（A_1や A_2）のなかから最適解を求める．最近では「実験した水準以外のなかからも最適条件を求めたい」「複数の特性を同時に最適化したい」というニーズが高まり，「応答曲面法」が活用されることも多い．図表 F.2 は「G2_0404 化学薬品の反応率・活動度の最適化2（多特性の最適化）」のデータを2次モデルで反応率と活動度を望大（大きいほど望ましい）で最適化した結果である．この結果を見ると，各因子の最適水準は，触媒水準値 0.0237，温度水準値 -0.1921，時間水準値

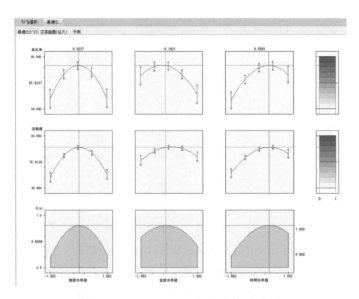

図表 F.2 反応率と活動度の 2 特性の最適化

0.5565 となり，実験した水準（-1，0 ，1）以外の値となり，柔軟に実験水準以外から最適条件が選ばれていることがわかる．さらに，反応率と活動度の2つの特性が同時に最適化できていることも確認できる．なお，この実験には中心複合計画が使用されているため，2次モデルを想定したバランスの良い計画となる．

　最後に紹介するのは応答曲面法の「D-最適計画」である．この計画は完全にモデルが判明している場合に使う計画であり，固有技術の知見が重要となる．例えば，「実験に取り上げる因子が A, B, C, D, E と 5 つあり，すべて量的変数であり，取り上げる交互作用は A × B, A × D, C × E，さらに A と C には 2 次の効果がある」とモデルが明確にわかっているとする．このような場合に，D-最適計画では**図表 F.3** のような ［モデルの指定］を活用することで**図表 F.4** に示す最低 12 回の実験を作成できる．D-最適計画の詳細は山田ら[5]に詳しいので参考にしてほしい．

　実験計画はタイミング，コスト，リスクなどを考慮して総合的に何を選択

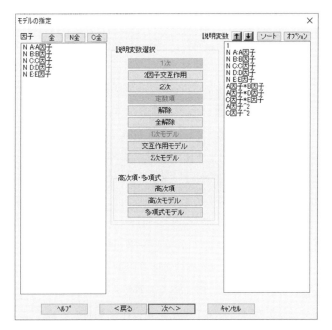

図表 F.3　D-最適計画のモデルの指定

計画の種類：D-最適計画　実験回数：12　水準：実スケール　D-効率：0.59405

No	実験順序	A因子	B因子	C因子	D因子	E因子	特性値1	モデル
1	1	1.0	-1.0	-1.0	-1.0	-1.0		1
2	2	1.0	1.0	0.0	-1.0	1.0		A
3	3	0.0	-1.0	-1.0	1.0	1.0		B
4	4	-1.0	1.0	-1.0	-1.0	1.0		C
5	5	1.0	1.0	-1.0	1.0	-1.0		D
6	6	1.0	-1.0	1.0	1.0	-1.0		E
7	7	-1.0	-1.0	1.0	-1.0	1.0		A*B
8	8	-1.0	1.0	1.0	1.0	1.0		A*D
9	9	1.0	-1.0	0.0	1.0	1.0		C*E
10	10	-1.0	-1.0	0.0	-1.0	-1.0		A^2
11	11	0.0	1.0	0.0	-1.0	-1.0		C^2
12	12	1.0	1.0	1.0	-1.0	-1.0		

図表 F.4　出力された実験の計画

するか判断することも多いが，大切なのは実験計画で得られた最適解が，再
現実験で再現することである．再現することで，実験で取り上げた交互作用
の有無や因子の効果を知見やノウハウとして残せるので，それらをしっかり
と蓄積し，幅広く活用していくことが望ましい．

コラム7　ばらつきに効く因子

　品質工学のパラメータ設計は，お客様のさまざまな使われ方や使用環境（道路・気候など）に対して，それらの影響を受けにくくする「ロバスト設計」を実現できる方法論である．「しっかり評価したつもりなのに，想定外のことが市場で発生した」とか，「保証すべき品質項目が多数あり，1つを満足させると別の項目が満足しない」とか，「要求性能を何とか達成したが，条件が少し変わると，性能が著しく低下して安定しない」といった困り事の解決に大きく貢献している．

　品質工学のパラメータ設計はまずばらつきを低減し，次に平均値を目標にあわせこむ2段階設計である．（詳細は専門書に譲るが）パラメータ設計の特徴には，「強烈なノイズ，しかも出力が大きくなるものと，小さくなるものを取り上げること」「要因効果図では平均値だけに注目するのではなく SN比（ばらつき）も考慮して最適設計を決めること」などがある．本コラムではこれらのうち，「実験に取り上げる因子はなるべく多いほうがよい」という特徴を紹介したい．

　図表 G.1 の一番上に記載した「実験で取り上げる制御因子」それぞれは実験を行うことで①〜④の箱に振り分けられる．

　さて，この①〜④のなかで，ものづくりにおいて重要な因子はどれだろうか．筆者が考える答えは，①と②である．③も平均値を目標値にあわせこむため大切であるが，①と②は「製品の設計・製造ばらつきを意のままにコントロール」できる可能性を秘めており，「なぜこの因子はばらつきに効くのか？」を固有技術によって解明する段階まで達成できると，ものづくりにおけるロバストな設計や製造条件に繋がっていく．

　筆者が品質工学の講師をする際，「平均値に効く因子を挙げてください」と質問すると，山のように回答が出てくるが，「次に，ばらつきに効く因子を挙げてください」というと，ほとんど回答はなくなってしまう．それくら

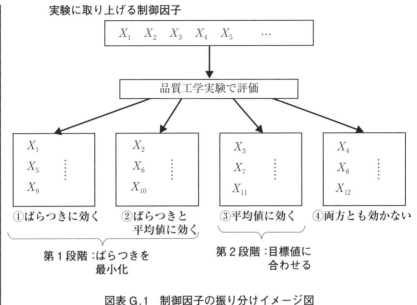

図表 G.1 制御因子の振り分けイメージ図

い，ばらつきに効く因子を挙げるのは難しいと思われる．このように①や②を一つでも多く見つけるために実験に取り上げる因子はなるべく多いほうがよい．

ちなみに「ばらつきに効く因子」で筆者がよく例に挙げるのは砂時計のくびれである（正式名称をオリフィスとよぶ）．オリフィスを長くするほど，砂は安定して落下するが，落下速度には変化がないため，まさに「①ばらつきに効く」（平均値には効かない）因子の代表例となる．

なお，JUSE-StatWorks/V5 ではパラメータ設計のデータとして「G2_0405_パラメータ設計による頑健性設計（パラメータ設計）」がある．解析を進めると，図表 G.2 のような要因効果図となる．図表 G.2 の○で囲っている水準は SN 比が高いほうを最適条件，すべての因子の第 1 水準を現行条件として選択されている．本コラムでは，デフォルト設定のまま表示しているため，詳細な解析は「JUSE-StatWorks/V5 活用ガイドブック」（ソフトウェ

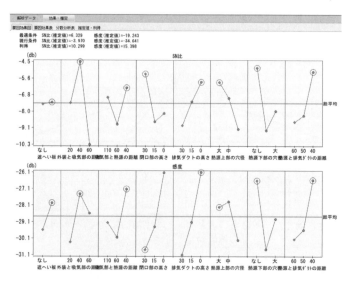

図表 G.2　要因効果図

アの付属品)を参考にしてほしい.

　先ほどの①〜④に振り分けてみると,ほとんどが②のばらつきと平均値の両方に効く因子となっている.また,③のばらつきに効かず,平均値のみに効く因子に近いのが「遮へい板」となっている.先に述べたように,ものづくりで安定した設計・製造に大切な因子である①と②について,常に「なぜばらつきに効くのか?」と問いかけ技術的に解明し続けていくことが技術力向上に繋がっていくと筆者は考えている.

第5章
予測

　回帰分析とは，予測したい一つの変数(目的変数)と，要因となる変数(説明変数)との関係をモデル(回帰式)で表現し，説明変数の各値に対して目的変数の値を予測する手法である.

　説明変数が一つの場合を単回帰分析とよび，最もシンプルなモデルとなる.「できる限りシンプルなモデルのほうがよい」(オッカムの剃刀)という考え方があるように，ものづくりにおいても，一つの説明変数で目的変数を意のままにコントロールできるに越したことはない.ところが実際には，一つの説明変数では説明力が不足したり，予測性能が不十分なため，複数の説明変数を使う重回帰分析を活用することも多い.また，近年では変数やサンプルサイズが膨大(ビッグデータ)となり，重回帰分析に加えて正則化回帰分析が使われるようになってきている.本章ではこれら予測手法の使い分けについて説明する.

5.1　SQC —単回帰分析

　図表5.1は，ある材料の引張強度と成分Pと成分Qの含有量のデータである.説明変数のP含有量，Q含有量から目的変数である引張強度を予測してみる.

　まず，基本解析として「基本統計量」や「多変量連関図」を確認すると，引張強度とP含有量の相関係数が$+0.829$と強い相関があることを確認できる.前述したように，「なるべくシンプルなモデル(回帰式)がよい」との考え方から，まず単回帰分析で解析する.単回帰分析は，メニューから[多変量解析]—[単回帰分析]をクリックし，目的変数に[引張強度]，説明変数に[P含有量]を選択して次へ進むと**図表5.2**のように表示される.

	● S1	● N2	● N3	● N4	● N5
	サンプル名	引張強度	P含有量	Q含有量	変数5
● 1	s1	27	16	11	
● 2	s2	30	18	17	
● 3	s3	40	40	10	
● 4	s4	33	17	28	
● 5	s5	41	25	29	
● 6	s6	53	40	33	
● 7	s7	26	17	10	
● 8	s8	37	30	15	
● 9	s9	46	35	26	
● 10	s10	35	16	30	
● 11	s11	39	29	20	
● 12	s12	38	34	13	
● 13					
● 14					

図表 5.1　引張強度（2変数）のデータ

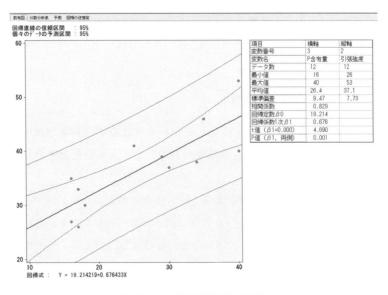

回帰式 ：　Y = 19.214219+0.676433X

図表 5.2　単回帰分析の結果

これより，回帰式は「引張強度 = 0.676 × P 含有量 + 19.214」となる．回帰式の説明力は自由度調整済寄与率，自由度 2 重調整済寄与率の評価指標がよく用いられる．本節の回帰式ではそれぞれ 0.656 と 0.630 となる（図表 5.2 には JUSE-StatWorks/V5 の機能上表示されないため，後述の図表 5.5（重回帰分析の解析画面）で確認する）．

これより，全体の約 65% をこの回帰式で説明できるため，実務上，この説明力（予測性能）で事足りるのであれば，そのまま活用すればよい．さらに，この回帰式を固有技術を通じて解釈することで，ものづくりにおける技術力向上やノウハウ蓄積，一般解化にも繋がっていく．具体的には「P 含有量が 1 単位増えると，引張強度が 0.676 増加することが技術的に説明できるか？」ということになる．このとき，符号の向きや増減量が原理原則で説明できることが理想的である．

具体的な予測の例として P 含有量が 30 の場合の引張強度を予測する．［予測］のタブから P 含有量の欄に 30 を入力し，メニューボタンの［計算開始］をクリックすることで図表 5.3 に示す予測結果を求めることができる．

これより，予測値として「39.507」，95% 予測区間（一つひとつ観測されるデータのばらつき）が 28.935～50.079 となる．予測区間の幅はおよそ 21 あるが，これでも十分に使える予測性能であれば，活用していけばよい．なお，画面上に 95% 信頼区間もあるが，これは平均値の信頼区間であり，実践ではあまり活用する場面がない．ばらつきを加味して規格を決める，規格を満足するか確認するためには，95% 予測区間を使うべきである（詳細はコラム 4 参照）．

散布図	分散分析表	予測	回帰の逆推定						
最小値：	16								
平均値：	26								
最大値：	40								
No	予測値	95%信頼区間		95%予測区間		標準誤差		テコ比	N3
	引張強度	下限値	上限値	下限値	上限値	データ	母回帰		P含有量
1	39.507	36.373	42.641	28.935	50.079	4.745	1.407	0.096	30.0
2									

図表 5.3　P 含有量 30 の予測結果（詳細表示）

5.2 SQC —重回帰分析

前節では単回帰分析で解析したが，予測性能が低くて（予測区間の幅が大きくて）使えない場合には，もう1つの説明変数である「Q含有量」を加えて回帰式を作成していく．これが重回帰分析であり，「どれくらい予測性能が向上するか」を確認できる．

重回帰分析の活用は，メニューから［多変量解析］—［重回帰分析・数量化Ⅰ類］をクリックし，目的変数に［引張強度］，説明変数に［P含有量］［Q含有量］を選択し，次へ進んだ［変数選択］画面（**図表5.4**）で変数選択をすることからはじめる．

5.2.1 引張強度（2変数）のデータによる重回帰分析

［変数選択］では，一般的には分散比が2以上を取り込むため，まず分散比が21.99のP含有量を取り込む（［変数選択］画面内はP含有量の行をクリックすることで着色され，変数が取り込まれる）．その画面が**図表5.5**で，偏回帰係数が，定数項19.214，P含有量0.676と前節の単回帰分析と同じ結果となることが確認できる．また，**図表5.2**では確認できなかった自由度調整済寄与率$R^{*\wedge}2$や自由度2重調整済寄与率$R^{**\wedge}2$もそれぞれ表示されている．

次に，Q含有量の分散比が256.12と目安の2以上であるので，さらに取り込む．取り込み後の画面は**図表5.6**となる．なお，一般的にこのように手動で変数選択をすることが望ましいが，実践においては変数増減法などの自動での変数選択を使うことも多い．

［変数選択］の結果，回帰式は「引張強度 = 0.655 × P含有量 + 0.494 × Q含有量 + 9.804」と求めることができ，回帰式を評価する指標である自由度調整済寄与率$R^{*\wedge}2$や自由度2重調整済寄与率$R^{**\wedge}2$は，それぞれ$0.656 \rightarrow 0.987$，$0.630 \rightarrow 0.985$と大幅に向上した．つまり，全体の98%以上を説明できたことになるが，具体的な予測精度については「予測」タブから確認する必要がある．前節と同じようにP含有量を30，Q含有量を22で予測した結果

変数選択　確定モデル　残差の分布　残差の連関　予測

変数選択｜選択履歴｜SE変化グラフ｜偏回帰プロット一覧｜偏回帰プロット｜偏回帰残差一覧

目的変数名	重相関係数	寄与率R^2	R*^2	R**^2	
引張強度	0.000	0.000	0.000	0.000	
	残差自由度	残差標準偏差			
	11	7.728			

vNo	説明変数名	分散比	P値（上側）	偏回帰係数	標準偏回帰	トレランス
0	定数項	276.3256	0.000	37.083		
3	P含有量	21.9915	0.001	+		
4	Q含有量	5.2825	0.044	+		

図表 5.4　変数選択画面（変数選択前）

変数選択　確定モデル　残差の分布　残差の連関　予測

変数選択｜選択履歴｜SE変化グラフ｜偏回帰プロット一覧｜偏回帰プロット｜偏回帰残差一覧

目的変数名	重相関係数	寄与率R^2	R*^2	R**^2	
引張強度	0.829	0.687	0.656	0.630	
	残差自由度	残差標準偏差			
	10	4.531			

vNo	説明変数名	分散比	P値（上側）	偏回帰係数	標準偏回帰	トレランス
0	定数項	22.7462	0.001	19.214		
3	P含有量	21.9915	0.001	0.676	0.829	1.000
4	Q含有量	256.1233	0.000	+		

図表 5.5　変数選択画面（P 含有量を取り込み）

変数選択　確定モデル　残差の分布　残差の連関　予測

変数選択｜選択履歴｜SE変化グラフ｜偏回帰プロット一覧｜偏回帰プロット｜偏回帰残差一覧

目的変数名	重相関係数	寄与率R^2	R*^2	R**^2	
引張強度	0.995	0.989	0.987	0.985	
	残差自由度	残差標準偏差			
	9	0.880			

vNo	説明変数名	分散比	P値（上側）	偏回帰係数	標準偏回帰	トレランス
0	定数項	100.3283	0.000	9.804		
3	P含有量	545.9948	0.000	0.655	0.803	0.998
4	Q含有量	256.1233	0.000	0.494	0.550	0.998

図表 5.6　変数選択画面（P 含有量，Q 含有量を取り込み）

実験選択	確定モデル	残差の分布	残差の連関	予測

予測

最小値:	10
平均値:	20
最大値:	33

No	予測値 引張強度	95%信頼区間 下限値	上限値	95%予測区間 下限値	上限値	標準誤差 データ	母回帰	テコ比	N3 P含有量	N4 Q含有量
1	40.338	39.709	40.967	38.250	42.426	0.923	0.278	0.100	30.0	22.0
2										

図表 5.7　P 含有量 30, Q 含有量 22 の予測結果（詳細表示）

	●3.1 サンプル名	●N2 引張強度	●N3 P含有量	●N4 Q含有量	●N5 R含有量	●N6 S含有量	●N7 T含有量	●N8 U含有量	●N9 V含有量	●N10 W含有量	●N11 X含有量	●N12 Y含有量	●N13 変数13
1	s1	27	16	11	10	12	9	4		18	24	5	
2	s2	30	18	17	12	10	16	5	10	13	22	16	
3	s3	40	40	10	18	17	9	3	6	22	14	3	
4	s4	33	17	28	11	7	17	12	13	15	23	27	
5	s5	41	25	29	16	10	24	15	9	12	16	33	
6	s6	53	40	33	13	14	23	12	9	11	7	29	
7	s7	26	17	10	12	5	9	4	12	14	26	10	
8	s8	37	30	15	15	13	10	7	7	21	17	9	
9	s9	46	35	26	15	12	23	12	13	12	8	33	
10	s10	35	16	30	12	10	21	15	10	15	19	31	
11	s11	39	29	20	11	12	20	11	7	18	16	23	
12	s12	38	34	18	15	15	12	6	10	12	10	13	

図表 5.8　引張強度（10 変数）のデータ

（**図表 5.7**）を見れば，引張強度の 95％予測区間が 38.250〜42.426 となり，区間幅（ばらつきの幅）も 4 程度に縮まったことがわかる．

　なお，前節の単回帰分析と同様，ものづくりにおいては，「この回帰式が原理原則で説明できるか」が重要となる．つまり，ここでは P 含有量が 1 単位増えたときに引張強度が 0.655 増える（同様に Q 含有量が 1 単位増えると 0.494 増える）理由を固有技術や原理原則にもとづいてしっかり説明できることで，安心してものづくりの実践で活用できる．

　ちなみに，今回の重回帰分析の解析では変数選択を中心に説明しているが，実践で活用する際は残差の確認などより細かなチェック項目があり，それらを 5.8 節に掲載したので参考にしてほしい．

5.2.2　引張強度（10 変数）のデータによる重回帰分析

　次に話が変わり，高性能な測定器に変えることで P，Q 以外の含有量を**図表 5.8** のように測定できたとする．このデータに対して重回帰分析で解析する．

　まず，［基本統計量］を見ていくと，相関係数行列において，P 含有量と X

含有量などに強い相関関係があり，多重共線性の心配があることがわかる（図表は省略）．本来，固有技術で考えて目的変数に効くと思われる説明変数をとりこみ，片方を除外して解析していくが，ここでは固有技術等の知見がないものとして，いったん素直に［変数選択］を実施してみる．

［変数選択］はまず，分散比2を基準に手動で選択していく．**図表5.9**の

変数選択	確定モデル	残差の分布	残差の連関	予測		
変数選択	選択履歴	SE変化グラフ	偏回帰プロット一覧	偏回帰プロット	偏回帰残差一覧	

	目的変数名	重相関係数	寄与率R^2	R*^2	R**^2	
	引張強度	0.000	0.000	0.000	0.000	
		残差自由度	残差標準偏差			
		11	7.728			
vNo	説明変数名	分散比	P値（上側）	偏回帰係数	標準偏回帰	トレランス
0	定数項	276.3256	0.000	37.083		
3	P含有量	21.9915	0.001	+		
4	Q含有量	5.2825	0.044	+		
5	R含有量	3.4636	0.092	+		
6	S含有量	4.5481	0.059	+		
7	T含有量	6.5006	0.029	+		
8	U含有量	3.4332	0.094	+		
9	V含有量	0.0505	0.827	-		
10	W含有量	0.9844	0.345	-		
11	X含有量	53.1781	0.000	-		
12	Y含有量	3.7533	0.081	+		

図表5.9 変数選択画面（変数選択前）

変数選択	確定モデル	残差の分布	残差の連関	予測		
変数選択	選択履歴	SE変化グラフ	偏回帰プロット一覧	偏回帰プロット	偏回帰残差一覧	

	目的変数名	重相関係数	寄与率R^2	R*^2	R**^2	
	引張強度	0.995	0.989	0.987	0.985	
		残差自由度	残差標準偏差			
		9	0.880			
vNo	説明変数名	分散比	P値（上側）	偏回帰係数	標準偏回帰	トレランス
0	定数項	100.3283	0.000	9.804		
3	P含有量	545.9948	0.000	0.655	0.803	0.998
4	Q含有量	256.1233	0.000	0.494	0.550	0.998
5	R含有量	0.3146	0.590	-		
6	S含有量	0.1941	0.671	+		
7	T含有量	1.6201	0.239	+		
8	U含有量	0.0262	0.876	+		
9	V含有量	1.0854	0.328	+		
10	W含有量	0.5833	0.467	-		
11	**X含有量**	0.6407	0.447	-		
12	Y含有量	0.0654	0.805	+		

図表5.10 手動での変数選択結果

［変数選択］画面から，分散比が 53.18 と一番大きい X 含有量を最初に取り込む．次に分散比が 8.44 と大きい Q 含有量を取り込むと，P 含有量の分散比が 58.51 となるため，それを取り込む．すると，X 含有量の分散比が 0.64 と 2 以下になるため，これを取り外す．これで分散比 2 以上の変数はなくなるため，変数選択は終了となる（**図表 5.10**）．この結果，**図表 5.6** と同じとなったが，変数選択の過程で最初に取り込まれた X 含有量が，最後には取り外されており，変数選択が安定していないことがわかる．

　次に，自動による変数選択方法である逐次変数選択の変数増減法，変数減増法，変数増加法，変数減少法と総当たり法の変数選択結果を**図表 5.11〜図表 5.15** に示す（なお，全変数選択は，共線性の問題ですべての変数を選択できないため，本書では割愛する）．

　このなかでは，変数減増法と変数減少法は同じ変数選択結果となったが，それ以外の方法では違う変数が取り込まれている．なかにはトレランス（5.8 節参照）が 0.1 未満もあり，このまま採用するにはよろしくない結果もある．

　このように，変数選択の方法によって取り込まれる変数も変わるなど，重回帰分析では変数選択が難しいデータになることがわかる．それぞれの R^{**2} はいずれも高いが，その差もわずかであることから，R^{**2} の値から回帰式

変数選択	確定モデル	残差の分布	残差の連関	予測		
変数選択	選択履歴	SE変化グラフ	偏回帰プロット一覧	偏回帰プロット	偏回帰残差一覧	
	目的変数名	重相関係数	寄与率R^2	R*^2	R**^2	
	引張強度	0.995	0.989	0.987	0.985	
		残差自由度	残差標準偏差			
		9	0.880			
vNo	説明変数名	分散比	P値（上側）	偏回帰係数	標準偏回帰	トレランス
0	定数項	100.3283	0.000	9.804		
3	P含有量	545.9948	0.000	0.655	0.803	0.998
4	Q含有量	256.1233	0.000	0.494	0.550	0.998
5	R含有量	0.3146	0.590	−		
6	S含有量	0.1941	0.671	+		
7	T含有量	1.6201	0.239	+		
8	U含有量	0.0262	0.876	+		
9	V含有量	1.0854	0.328	+		
10	W含有量	0.5833	0.467	−		
11	X含有量	0.6407	0.447	−		
12	Y含有量	0.0654	0.805	+		

図表 5.11　変数選択（変数増減法）

変数選択	確定モデル	残差の分布	残差の連関	予測

変数選択　選択履歴　SE変化グラフ　偏回帰プロット一覧　偏回帰プロット　偏回帰残差一覧

	目的変数名	重相関係数	寄与率R^2	R*^2	R**^2	
	引張強度	0.999	0.999	0.996	0.993	
		残差自由度	残差標準偏差			
		3	0.505			
vNo	説明変数名	分散比	P値（上側）	偏回帰係数	標準偏回帰	トレランス
0	定数項	28.6996	0.013	41.075		
3	P含有量	92.4459	0.002	0.501	0.615	0.095
4	Q含有量	18.4155	0.023	0.295	0.328	0.066
5	R含有量	7.0316	0.077	-0.349	-0.100	0.271
6	S含有量	11.6919	0.042	-0.676	-0.290	0.054
7	T含有量	2.4021	0.219	0.161	0.126	0.059
8	U含有量	1.8971	0.302	-		
9	V含有量	14.9928	0.030	-0.601	-0.186	0.168
10	W含有量	3.0124	0.181	0.157	0.081	0.179
11	X含有量	15.5190	0.029	-0.591	-0.481	0.026
12	Y含有量	1.8971	0.302	共線性有		

図表 5.12　変数選択（変数減増法）

変数選択	確定モデル	残差の分布	残差の連関	予測

変数選択　選択履歴　SE変化グラフ　偏回帰プロット一覧　偏回帰プロット　偏回帰残差一覧

	目的変数名	重相関係数	寄与率R^2	R*^2	R**^2	
	引張強度	0.999	0.998	0.995	0.992	
		残差自由度	残差標準偏差			
		5	0.562			
vNo	説明変数名	分散比	P値（上側）	偏回帰係数	標準偏回帰	トレランス
0	定数項	27.8398	0.003	38.256		
3	P含有量	85.8379	0.000	0.513	0.629	0.104
4	Q含有量	119.2431	0.000	0.397	0.442	0.293
5	R含有量	3.4756	0.121	-0.213	-0.061	0.446
6	S含有量	9.2338	0.029	-0.539	-0.231	0.083
7	T含有量	0.1208	0.746	+		
8	U含有量	0.8170	0.417	-		
9	V含有量	13.3385	0.015	-0.582	-0.180	0.198
10	W含有量	0.5863	0.487	+		
11	X含有量	13.9189	0.014	-0.487	-0.397	0.042
12	Y含有量	0.0167	0.903	-		

図表 5.13　変数選択（変数増加法）

を決定するのは難しい．やはり大切なのは，技術的に解釈できる回帰式を選択していくことである．場合によっては，効いている説明変数を確認するために実験計画法も併用していく必要がある．

　しかし，「実験する時間もなく，今あるデータから判断したい」というニーズは現実的に多い．本節の事例のように変数選択方法によって，取り込まれる変数が変わるほかに，変数の数 p がサンプルサイズ n よりも大きい場面や，

変数選択　確定モデル　残差の分布　残差の連関　予測

変数選択　選択履歴　SE変化グラフ　偏回帰プロット一覧　偏回帰プロット　偏回帰残差一覧

	目的変数名	重相関係数	寄与率R^2	R*^2	R**^2	
	引張強度	0.999	0.999	0.996	0.993	
		残差自由度	残差標準偏差			
		3	0.505			
vNo	説明変数名	分散比	P値(上側)	偏回帰係数	標準偏回帰	トレランス
0	定数項	28.6996	0.013	41.075		
3	P含有量	92.4459	0.002	0.501	0.615	0.095
4	Q含有量	18.4155	0.023	0.295	0.328	0.066
5	R含有量	7.0316	0.077	-0.349	-0.100	0.271
6	S含有量	11.6919	0.042	-0.676	-0.290	0.054
7	T含有量	2.4021	0.219	0.161	0.126	0.059
8	U含有量	1.8971	0.302	-		
9	V含有量	14.9928	0.030	-0.601	-0.186	0.168
10	W含有量	3.0124	0.181	0.157	0.081	0.179
11	X含有量	15.5190	0.029	-0.591	-0.481	0.026
12	Y含有量	1.8971	0.302	共線性有		

図表 5.14　変数選択(変数減少法)

変数選択　確定モデル　残差の分布　残差の連関　予測

変数選択　選択履歴　SE変化グラフ　偏回帰プロット一覧　偏回帰プロット　偏回帰残差一覧

	目的変数名	重相関係数	寄与率R^2	R*^2	R**^2	
	引張強度	1.000	0.999	0.997	0.994	
		残差自由度	残差標準偏差			
		2	0.443			
vNo	説明変数名	分散比	P値(上側)	偏回帰係数	標準偏回帰	トレランス
0	定数項	39.6288	0.024	32.270		
3	P含有量	103.0274	0.010	0.483	0.592	0.088
4	Q含有量	23.8850	0.039	0.346	0.385	0.048
5	R含有量	6.1521	0.131	-0.300	-0.086	0.247
6	S含有量	16.7054	0.055	-0.722	-0.310	0.052
7	T含有量	26.0686	0.036	0.850	0.665	0.018
8	U含有量	11.8765	0.075	0.516	0.297	0.040
9	V含有量	-999.0000	0.020	共線性有		
10	W含有量	3.8766	0.188	0.156	0.080	0.179
11	X含有量	21.3828	0.044	-0.613	-0.499	0.026
12	Y含有量	21.3716	0.044	-0.661	-0.963	0.007

図表 5.15　変数選択(総当たり法)

変数の増加に伴い説明変数間に線形制約(ある変数が他の複数の変数で完全に説明される. 例えば, $X_1 + X_3 + X_5 = X_7$など)もしくはそれに近い状況が生じると多重共線性が発生し, 回帰係数が不安定になったり(固有技術と符号の向きが逆など), 求められないことも十分あり得る.

　このような場面で有効なのが, 次節で説明する機械学習の正則化回帰分析(リッジ回帰, lasso 回帰, Elastic Net)となる.

5.3 機械学習―正則化回帰（リッジ回帰，lasso 回帰，Elastic Net）

　正則化回帰分析では，罰則項を加えることで多重共線性などが原因で重回帰分析が行えないデータでも回帰式を求められる特徴がある．

　本節では，正則化回帰の 3 種類のうち，変数選択が可能である lasso 回帰で解析してみる．lasso 回帰は罰則のかけ方により，偏回帰係数が 0 となる（効いてない説明変数の偏回帰係数を 0 とする）説明変数が多い性質があり，これは変数選択が自動的に行われるともいえる．

　lasso 回帰の解析は，メニューの［手法選択］―［機械学習］―［lasso 回帰］をクリックする．表示される［変数選択］ダイアログで目的変数に［引張強度］，説明変数に［P 含有量～Y 含有量］を選択して次に進む．［データ］タブからヒストグラムや散布図，基本統計量等を確認した後に，［モデル］タブをクリックする．その後，［モデル選択］ダイアログが表示され正則化パラメータ λ の決定方法を選択するが，ここではデフォルト（複数の値の中から選択）のまま［OK］をクリックする（実践においては必要に応じて調整すること）．そして，［モデル評価方法］のダイアログが表示され，クロスバリデーションの方法を選択するが，ここでもデフォルトの K-分割交差検証法のまま［OK］をクリックする（クロスバリデーションの種類や詳細は **5.5 節**を参照）．

　以上のようにして，［モデル］タブの［回帰係数］にて今回の条件で選択された正則化パラメータ λ と偏回帰係数や標準偏回帰係数が表示される（**図表 5.16**）．この結果，選ばれた変数は P 含有量，Q 含有量，T 含有量，V 含有量，X 含有量となり，前節の重回帰分析での変数選択（**図表 5.10～図表 5.15**）のどれとも一致しなかった．また，回帰式は相関係数の高かった P 含有量と X 含有量が両方とも含まれたものであることも確認できる．

　そのまま［解パス］タブに移動すると，**図表 5.17** が表示され，正則化パラメータ λ が変化した際の標準偏回帰係数が表示されている．本節の例では，複数モデルのなかから選択された λ = 0.03350 が点線で表示され，このとき選択

| データ | モデル | モデル選択 | 残差の検討 | 確定モデル | 予測 |

回帰係数 | 回帰係数グラフ | 解パス | 再スケーリング係数

vNo	目的変数名	データ数	平均値	標準偏差		
2	引張強度	12	37.08333	7.39886		
			混合パラメータα	1.00000		
			正則化パラメータλ	0.03350		
	説明変数名	平均値	標準偏差	標準偏回帰	偏回帰係数	
0	定数項				16.76509	
3	P含有量	26.41667	9.06880	0.65398	0.53356	
4	Q含有量	20.16667	8.23441	0.40683	0.36554	
5	R含有量	13.25000	2.12623	0.00000	0.00000	
6	S含有量	11.41667	3.17433	0.00000	0.00000	
7	T含有量	16.08333	5.79451	0.08403	0.10730	
8	U含有量	8.83333	4.25898	0.00000	0.00000	
9	V含有量	9.41667	2.28977	-0.01070	-0.03457	
10	W含有量	14.50000	3.81881	0.00000	0.00000	
11	X含有量	17.00000	6.02771	-0.12213	-0.14992	
12	Y含有量	19.33333	10.77291	0.00000	0.00000	

図表 5.16　lasso 回帰による変数選択結果

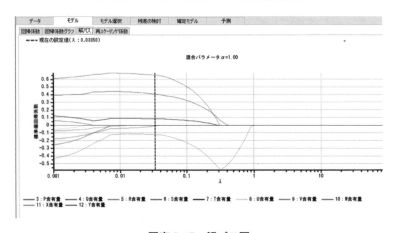

図表 5.17　解パス図

されている変数の標準偏回帰係数となる．図表 5.17 に示すように，正則化パ
ラメータ λ が大きくなると，標準偏回帰係数が 0 となる変数が多くなり，自動
的に変数選択されていることが確認できる．また，P 含有量と X 含有量は似
たような挙動を示しており，P 含有量が 0 になると同時に，その効果が X 含
有量に間接的に乗る様子もここから確認できる（なお，本書と λ の数字が異な

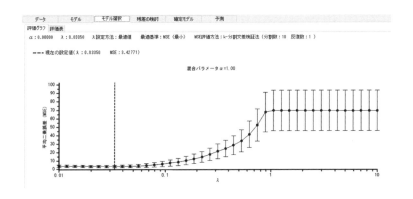

図表 5.18　モデル選択の評価グラフ

るときは［モデル評価方法］の［詳細設定］より乱数のシード値を 1 にすると，
$\lambda = 0.03350$ と結果が一致する）．

　［解パス］を確認後，［モデル選択］タブに移動すると，正則化パラメータ λ
の変化にともない，検証データに対する平均二乗誤差である MSE が推移する
ことが確認できる（**図表 5.18**）．MSE は残差の分散に相当し，決定した λ の値
で極小値になることが望ましい．今回のモデル選択基準は MSE 最小であるた
め，最小値である MSE = 3.428 が選択されているが，そのときの λ =
0.03350 は極小値のため，問題ないと判断する（MSE の詳細は **5.7 節**を参照）．

　［モデル選択］を確認後，次に［残差の検討］タブにて残差を確認する．［残
差一覧表］や［残差のヒストグラム］［残差との連関図］を表示し，「大きく外
れているデータがないか」を確認する．本節の事例の場合，「特に残差に問題
はない」と判断する．

　［残差の検討］で特に問題がなければ，［確定モデル］のタブにて最終的に確
定した回帰式（モデル）を確認する（**図表 5.19**）．確定した回帰式で予測をした
ければ，［予測］のタブにて各含有量に値を入力しメニューボタンの［計算開
始］をクリックして予測することができる．

　lasso 回帰をはじめとした機械学習でのモデルの評価には，「重回帰分析での

データ	モデル	モデル選択	残差の検討	確定モデル	予測	

ハ゜ラメータ設定					ハ゜ラメータ選択		
	混合ハ゜ラメータα	正則化ハ゜ラメータλ		最適基準	評価方法		
設定方法	固定	自動選択		MSE:最小	K-分割交差検証;		
最小値		0.01000			分割数:10		
最大値		10.00000			反復数:1		
分割数		40					
分割スケール		log10スケール					

vNo	目的変数名	データ数	平均値	標準偏差		混合ハ゜ラメータα	正則化ハ゜ラメータλ	係数再ｽｹｰﾙ法
2	引張強度	12	37.08333	7.39886		1.00000	0.03350	なし

	説明変数名	平均値	標準偏差	標準偏回帰	偏回帰係数
0	定数項				16.78509
3	P含有量	26.41667	8.06880	0.65398	0.53356
4	Q含有量	20.16667	8.23441	0.40683	0.36554
5	R含有量	13.25000	2.12623	0.00000	0.00000
6	S含有量	11.41667	3.17433	0.00000	0.00000
7	T含有量	16.08333	5.79451	0.08403	0.10730
8	U含有量	8.83333	4.25898	0.00000	0.00000
9	V含有量	9.41667	2.28977	-0.01070	-0.03457
10	W含有量	14.50000	3.81981	0.00000	0.00000
11	X含有量	17.00000	6.02771	-0.12213	-0.14992
12	Y含有量	19.33333	10.77291	0.00000	0.00000

図表5.19 lasso回帰で確定したモデル

寄与率 R^2(もしくは R*^2 や R**^2)のような回帰式でデータをどれくらい説明できるか」という指標はあまり使われない．というのも，機械学習では寄与率のように「手元のデータをいかに説明できるかよりも，未知のデータの予測を大きく外さない(いわゆる過学習，オーバーフィッティングを起こさない)こと」に重点を置いており，交差検証法(クロスバリデーション)にて未知のデータを想定した検証データで予測性能を評価することが多い．さらに正則化は，過学習を防ぐために回帰係数を縮小する効果もあることから，正則化回帰は重回帰分析で得られた回帰式よりも，未知のデータに対する予測性能(汎化能力)が優れているといえる．

このように汎化能力が優れていて多重共線性にも対応できる正則化回帰分析は確かに強力な手法である．しかし，荒木ら[3]が述べるように，取り込まれた説明変数の回帰係数は正則化によって縮小されているので，その解釈には注意したい．また，変数選択でも，重回帰分析のように固有技術を鑑みながら，取り込む変数を意のままにコントロールすることができないことに留意したい．

本節の事例では，参考にリッジ回帰と lasso 回帰のそれぞれの特徴を有する Elastic Net でも解析してみる，

Elastic Net の解析は，メニューの［手法選択］―［機械学習］―［Elastic Net］

をクリックし, 目的変数や説明変数を選択して次へ進む. [モデル] のタブに移動した後, [モデル選択] や [モデル評価方法] では前述と同様にデフォルトのまま [OK] をクリックする(実践においては必要に応じて正則化パラメータ λ, 混合パラメータ α, モデル選択基準を調整すること). すると, [回帰係数] タブに混合パラメータ α が 0 から 1 まで 0.2 刻みのモデルが表示される(**図表 5.20**). 混合パラメータ α はリッジ回帰と lasso 回帰の混合比であり, リッジ回帰は $\alpha = 0$, lasso 回帰では $\alpha = 1$, $0 \leqq \alpha \leqq 1$ が Elastic Net となる

| データ | モデル | モデル選択 | 特徴の検討 | 確定モデル | 予測 |

| 回帰係数 | 回帰係数グラフ | 解パス | 両スケーリング係数 |

vNo.	目的変数名	データ数	平均値	標準偏差
2	引張強度	12	37.08333	7.39886

| 混合パラメータα | 0.00000 | 0.20000 | 0.40000 | 0.60000 | 0.80000 | 1.00000 |
| 正則化パラメータλ | 0.01000 | 0.01000 | 0.02010 | 0.02010 | 0.04792 | 0.03350 |

説明変数名	平均値	標準偏差	標準偏回帰係数	偏回帰信頼係数	標準偏回帰係数	偏回帰信頼係数	標準偏回帰係数	偏回帰信頼係数	標準偏回帰係数	偏回帰信頼係数	標準偏回帰係数	偏回帰信頼係数	標準偏回帰係数	偏回帰信頼係数
定数項			95.10023		30.73989		29.10024		19.02572		10.05166		10.76529	
3 Ti含有量	20.41667	9.06880	0.08340	0.49229	0.82265	0.50799	0.60143	0.49069	0.61598	0.50937	0.60575	0.49420	0.65598	0.53356
4 Cr含有量	20.16667	8.23441	0.37012	0.93256	0.97881	0.34037	0.39547	0.35504	0.40102	0.36693	0.37658	0.33832	0.40003	0.36554
5 Mn含有量	19.25000	2.12623	-0.06808	-0.24140	-0.05610	-0.19532	-0.00233	-0.00610	0.00000	0.00000	0.00000	0.00000	0.00000	0.00000
6 Co含有量	11.41667	3.17433	-0.20768	-0.48409	-0.14804	-0.34585	0.00000	0.00000	0.00000	0.00000	0.00000	0.00000	0.00000	0.00000
7 Fe含有量	16.08333	5.79461	0.13479	0.17210	0.10062	0.13863	0.10024	0.13827	0.10034	0.12869	0.09480	0.12062	0.08403	0.18700
8 Ni含有量	8.83333	4.25890	-0.05804	-0.09693	-0.00525	-0.00912	0.00000	0.00000	0.00000	0.00000	0.00000	0.00000	0.00000	0.00000
9 V含有量	9.41667	2.29977	-0.15707	-0.58753	-0.12971	-0.09574	-0.04887	-0.15781	-0.03926	-0.12698	-0.01072	-0.03463	-0.01670	-0.03467
10 Mo含有量	14.50000	3.81901	0.05952	0.11593	0.03366	0.06522	0.00000	0.00000	0.00000	0.00000	0.00000	0.00000	0.00000	0.00000
11 Cu含有量	17.00000	9.02771	-0.39445	-0.46417	-0.92321	-0.38679	-0.19089	-0.22204	-0.18259	-0.19893	-0.16597	-0.20290	-0.12210	-0.14802
12 W含有量	18.83333	10.77281	0.01921	0.01219	0.00000	0.00000	0.00000	0.00000	0.00000	0.00000	0.00000	0.00000	0.00000	0.00000

図表 5.20　Elastic Net での回帰係数一覧

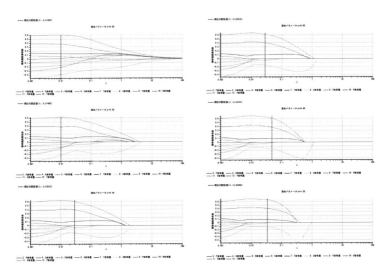

図表 5.21　Elastic Net での解パス図

（なお，［モデル評価方法］の［詳細設定］より乱数のシード値を1にすると，
本書と同じ結果となる）．

　この結果から，$\alpha = 0$ ではリッジ回帰の特徴であるすべての変数が取り込まれており，$\alpha = 1$ は lasso 回帰の結果なので，**図表5.19**と同じ回帰係数となっている．また α が 0.2，0.4，0.6 と増えるにつれ，回帰式に取り込まれる変数が減っていることも確認できる．そのときの解パス図を**図表5.21**に示す．

　基本的に，回帰式はシンプルな形が望ましく，かつ固有技術で考えて，予測に効く変数を取り込むのがよい．リッジ回帰ではすべての変数を使うので変数が多すぎる場合がある一方，lasso 回帰では変数が少なすぎる場合もあるが，どちらの場合でも Elastic Net での混合パラメータの調整によって，ちょうどよい変数の数での回帰式が作成できることもあるので参考にしてほしい．

　なお，**第9章**の総合演習ではより実践的な予測モデルの作成を扱っているため，そちらも参考にしてほしい．

5.4　本章のまとめ

　本章では単回帰分析，重回帰分析，さらに正則化回帰の順番で説明した．

　ものづくりにおいては，いきなり正則化回帰を活用するのではなく，まずは単回帰分析から得られた回帰式を固有技術で解釈するところから始めるのがよい．最近では IoT の発展により，膨大なデータがとれるようになり，変数の数 p がサンプルサイズ n より大きいことがたびたび見受けられる．例えば，$p = 10000$ に対して $n = 100$ となるような場合，説明変数間に予想していなかった線形制約が存在するなどで多重共線性が発生し，重回帰分析での解析は困難とされている．そこで，はじめて正則化回帰が登場する．筆者が強調したいのは，「特に $p > n$ などの状況になっていないのに，真っ先に正則化回帰分析を活用するのは順番が違う」ということである．

　なお，機械学習には，過学習を避けたり，モデルの汎化能力（モデルの良し悪しや予測精度）を評価したりするためにクロスバリデーションやダブルクロ

スバリデーションが搭載されている．これらは **5.5節**，**5.6節**にて説明する．

5.5 補足―クロスバリデーション

　本章で扱った正則化パラメータ λ のようなパラメータをハイパーパラメータとよぶ．この値により結果が大きく変わる可能性もあり，機械学習の手法ごとに調整すべきハイパーパラメータが異なることもあるなど，従来の SQC にはなかった考え方である．

　ハイパーパラメータは一意に決めることができず，推奨値もない．そのため，同じ機械学習手法でも対象データが異なると，ハイパーパラメータが違う値となることもある．基本的には，本節で説明する交差検証法（クロスバリデーション）を用いて，探索的にハイパーパラメータを決めることが一般的となるので，そのやり方を以下に説明していく．

　まず，クロスバリデーションは SQC のように手元のデータをすべて使ってモデルを作成するのではなく，以下の①～③からなるステップを繰返し実施し，予測性能を評価してハイパーパラメータを決定していく．

①　手元にあるデータを学習データ（Train data）と検証データ（Validation data）に分ける．

②　学習データでモデルを作成し，そのモデルで検証データの予測値を得る．

③　検証データには実測値もあるため，実測値と予測値の差を確認し，それを未知のデータに対するモデルの予測性能として評価する．

　上記のステップ①で，学習データと検証データに分ける方法は，JUSE-StatWorks/V5 では次の 3 種類が採用されている．

(1)　Leave-one-out 法

(2)　K-分割交差検証法

(3)　ホールドアウト法

以下では，(1)～(3)についての詳細を説明する．

(1) Leave-one-out 法 (図表 5.22)

ひとつ抜き法ともよばれ，手順としては，以下のとおりである．

① 全データから一つデータを抜き，それを検証データとし，その他の
データを学習データとする．

② 学習データで作成したモデルで検証データを予測して，それを未知の
データに対するモデルの予測性能として評価する．

これら①および②をすべてのデータに対して行い，以下③および④も行う．

③ ①および②の手順をすべてのハイパーパラメータの候補に対して行う．

④ 検証データに対する予測性能が最も良かったハイパーパラメータを最
適値として採用する．

Leave-one-out 法では，データ数が 1000 あれば計算を 1,000 回繰り返すた
め，予測の精度は良くなる一方，その分だけモデル作成に時間を要する．つま
り，データ数が非常に多いと計算時間も非常にかかり，実用的ではなくなるた
め，Leave-one-out 法はデータ数が少ない場合に有効な方法といえる．

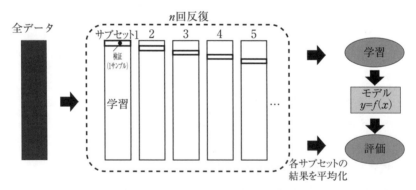

出典) 椿広計ほか：『機械学習基礎テキスト』，豊田自動織機，2019 年 (非売品) の一部を
筆者が変更している．

図表 5.22 Leave-one out 法のイメージ図

(2)　K-分割交差検証法（図表5.23）

JUSE-StatWorks/V5 でデフォルトに採用されている方法である．その手順
は，以下の①〜⑥のとおりである．

①　全データを K 個のグループに分割する（デフォルトの分割数は 10）．

②　K 個に分割したうちの1つのグループを検証データとし，残りの（K
　　-1）個のグループを学習データとする．

③　学習データで作成したモデルで検証データを予測して，それを未知の
　　データに対するモデルの予測性能として評価する．

④　①〜③を K 個すべてのグループに対して行う．

⑤　①〜④の手順をすべてのハイパーパラメータの候補に対して行う．

⑥　①〜⑤を実行し，検証データに対する予測性能が最も良かったハイ
　　パーパラメータを最適値として採用する．

「すべてのデータが一度は検証データになること」は Leave-one-out 法と同
じである．しかし，モデルを作って予測する作業が K 回となるため，計算時
間もサンプルサイズの影響を受けにくい特徴がある．

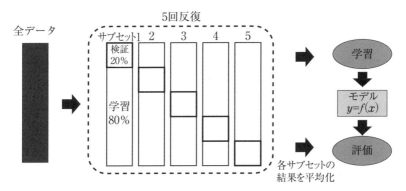

出典）　椿広計ほか：『機械学習基礎テキスト』，豊田自動織機，2019 年（非売品）の一部を
　　　筆者が変更している．

図表5.23　K-分割交差検証法のイメージ図（*K* = 5）

(3) ホールドアウト法(図表5.24)

指定した比率で学習データと検証データを決める最もシンプルな方法である.その手順は,以下の①〜⑤のとおりである.

① 全データから一定割合を検証データとし,残りを学習データとして分割する.

② 学習データで作成したモデルで検証データを予測して,それを未知のデータに対するモデルの予測性能として評価する.

③ ①および②の手順を指定回繰り返す.

④ ①〜③の手順をすべてのハイパーパラメータの候補に対して行う.

⑤ 検証データに対する予測性能が最も良かったハイパーパラメータを最適値として採用する.

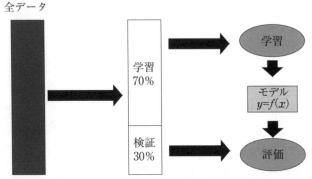

出典) 椿広計ほか:『機械学習基礎テキスト』,豊田自動織機,2019年(非売品)の一部を筆者が変更している.

図表5.24 ホールドアウト法のイメージ図(学習:評価=7:3)

5.6 補足—ダブルクロスバリデーション

JUSE-StatWorks/V5では,クロスバリデーションによって最適値となった

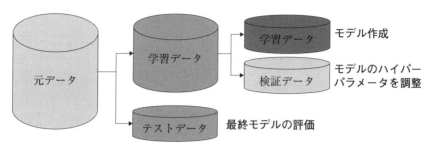

出典) 椿広計ほか：『機械学習基礎テキスト』，豊田自動織機，2019年（非売品）の一部を
筆者が変更している.

図表 5.25 ダブルクロスバリデーションのイメージ図

ハイパーパラメータを使ったモデルが確定モデルとなる. このモデルは学習
データと検証データから導出されたといえるため，確定モデルの汎化能力（学
習にも検証にも使っていない未知データに対する予測性能）は不明である. そ
こで，クロスバリデーションを行う前に，確定モデルの汎化能力を評価するた
めのデータをテストデータ（JUSE-StatWorks/V5 では「最終評価用サンプル」
とよぶ）としてとっておき，確定モデル決定後にそのサンプルで汎化能力を評
価することが行われる. このとき，テストデータも K–分割交差検証法などに
より確保する場合があり，このような場合を「ダブルクロスバリデーション」
とよぶ（**図表 5.25**）.

5.7 補足—モデル評価について

機械学習において，モデルの汎化能力（モデルの良し悪しや予測精度）の評価
はテストデータで行われる. 評価指標は目的変数（教師データ）が量的変数か質
的変数かによって異なる（**図表 5.26**）.

目的変数が量的変数の場合，平均二乗誤差（MSE）や平均絶対誤差（MAE）が
使われる. JUSE-StatWorks/V5 では MSE が使われ，**5.3 節**で扱った正則化回
帰においても，正則化パラメータ λ を決定するにあたり MSE 最小をモデルの

図表 5.26　モデルの評価指標

目的変数が量的変数(回帰)	目的変数が質的変数(分類)
• 平均二乗誤差 　(MSE：Mean Square Error) • 平均絶対誤差 　(MAE：Mean Absolute Error)	• 混同行列(Confusion matrix) 　正解率(Accuracy) 　適合率(Precision) 　再現率(Recall) 　F 値(F-measure)
• 重相関係数 　(Multiple correlation coefficient) • 寄与率(決定係数) 　(Coefficient of determination)	• ROC 曲線(Receiver Operating 　Characteristics curve) • AUC(Area Under the Curve)

出典)　椿広計ほか：『機械学習基礎テキスト』，豊田自動織機，2019 年(非売品)の一部を
　　　筆者が変更している．

選択基準とした．

　MSE は，予測値と実測値の差を 2 乗して平均をとった指標であり，値が小さいほど誤差が少ないモデルといえ，以下の式で表される．

$$\mathrm{MSE}(y,\ \hat{y})=\frac{1}{n}\sum_{i=1}^{n}\ (y_i-\hat{y}_i)^2$$

　(y：実際の値，$\hat{y}$：予測値，n：サンプルサイズ)

　その他にも，予測値と実測値の相関係数である重相関係数や，その 2 乗である寄与率(決定係数)も使われることがある．

　次に，目的変数が質的変数の場合，混同行列や ROC 曲線，AUC がよく使われる．まず混同行列であるが，**第 6 章の分類**などで使われる指標でありモデルによる予測と実測の分類結果をマトリクスで表現したものである(**図表 5.27**)．横方向に真のクラス(正解データ)が，縦方向に分類クラス(予測データ)が置かれる．場合によっては行と列が逆になる標記もあるので注意してほしい．

　このマトリクスは以下の 4 つに分類される．

　① 　TP(真陽性)：Positive データを Positive と正しく予測した数

図表 5.27 混同行列

混同行列の例 （2クラスの場合）		分類クラス（予測データ）	
		Positive （着目しているクラス：陽性）　［不良品］	Negative 　　　　　［良品］
真のクラス （正解データ）	Positive （着目している クラス：陽性） ［不良品］	True Positive（TP：真陽性） Positive データを Positive と正しく予測した数	False Negative（FN：偽陰性） Positive データを Negative と予測を誤った数（見逃し）
	Negative ［良品］	False Positive（FP：偽陽性） Negative データを Positive と予測を誤った数（過検出）	True Negative（TN：真陰性） Negative データを Negative と正しく予測した数

出典）椿広計ほか：『機械学習基礎テキスト』，豊田自動織機，2019 年（非売品）の一部を筆者が変更している．

② FN（偽陰性）：Positive データを Negative と誤って予測した数

③ FP（偽陽性）：Negative データを Positive と誤って予測した数

④ TN（真陰性）：Negative データを Negative と正しく予測した数

　モデルによって正しく予測できた数は TP と TN の合計であり，誤って予測した数は FN と FP の合計である．なお，注目するほうを Positive とするため，ものづくりによくある「良品」と「不良品」を判定する場合には，「不良品」を Positive，「良品」を Negative とする．なお，マトリクス右上の FN は「見逃し」（不良品なのに良品として見逃す現象）に当たる．また，マトリクス左下の FP は「過検出」（良品なのに不良品として過剰に検出をしてしまう現象）に当たる．見逃しも過検出もないことが望ましいが，一般的に片方を小さくすると，もう一方が大きくなる背反関係がある．不良品を見逃すほうが深刻なため，見逃しを重要視してモデルを評価することが多い．

図表 5.28　混同行列の指標一覧

指標	概要	算出式	図表 5.27 との対応
正解率 (Accuracy)	分類の正解率，全体のうち，正しく分類できたサンプルの割合	$\dfrac{TP+TN}{TP+FP+TN+FN}$	[TP] FN / FP [TN]
適合率 (Precision)	陽性であると予測したデータのうち，陽性だったサンプルの割合，過検出が深刻な場合に活用	$\dfrac{TP}{TP+FP}$	[TP] FN / FP TN
再現率 (Recall)	実際に陽性であるデータのうち，陽性と分類できたサンプルの割合，見逃しが深刻な場合に活用	$\dfrac{TP}{TP+FN}$	[TP] [FN] / FP TN
F 値 (F-measure)	再現率と適合率の調和平均，陽性と陰性のバランスが悪いときなどに活用	$2 \cdot \dfrac{\text{Precision} \cdot \text{Recall}}{\text{Precision} + \text{Recall}}$	

出典）　椿広計ほか：『機械学習基礎テキスト』，豊田自動織機，2019 年(非売品)の一部を
　　　　筆者が変更している.

　この混同行列でモデルを評価するやり方には，**図表 5.28** のように正解率，
適合率，再現率，F 値の 4 つの指標がある．これらには，それぞれに特徴があ
るため，個々の目的に応じて重視する指標を決めていく．

　純粋に「全体のなかでどれだけ正解しているか」を知りたいのであれば「正
解率」を選択する．あるいは，「見逃し」を重視するなら「再現率」を選択す
るが，過検出を重視するときには「適合率」を選択する．ここで「F 値」は再
現率と適合率の調和平均(両方の比率を加味した評価指標)である．そのため，
例えば，犬の写真と猫の写真を分類するモデルで，どちらの誤分類も同じ場合
は「正解率」を，品質 OK/NG の分類モデルで，NG を OK と誤分類すること
を防ぎたい場合は「再現率」を重視すればよい．

　最後に ROC 曲線や AUC は本書では扱わないものの，JUSE-StatWorks/V5

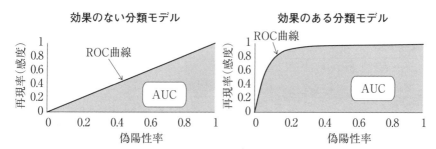

出典）　椿広計ほか：『機械学習基礎テキスト』，豊田自動織機，2019 年（非売品）の一部を
　　　　筆者が変更している．

図表 5.29　ROC 曲線と AUC

ではロジスティック回帰分析や正則化ロジスティック回帰分析（機械学習編 R2
に搭載）に採用されている指標となる．

　ROC 曲線（Receiver Operating Characteristic curve）は横軸に偽陽性率，縦
軸に再現率をとり，JUSE-StatWorks/V5 では判別境界値（Positive/Negative
を分類する閾値）を 5 ％ごとに変化させたときの値をプロットして結んだ曲線
である．効果のない分類モデルは**図表 5.29**（左）となり，効果のある分類モデ
ルは**図表 5.29**（右）のような ROC 曲線となる．

　また，AUC（Area Under the Curve）は ROC 曲線下の面積であり，0 ～ 1 の
範囲をとる．1 に近いほど（つまり面積が大きいほど）良いモデルといえる．

5.8　補足―SQC の重回帰分析におけるチェック項目

　重回帰分析の解析におけるチェック項目は**図表 5.30** のようになる．

図表5.30 重回帰分析のチェック項目一覧

確認項目	判断の目安	備考
サンプルサイズ	説明変数+20以上	結果の信頼性を良くするための一般的な目安. 目的変数と説明変数が対になっていること.
ひずみとがり	|1.5|未満 |1.5|未満	ひずみは,分布の左右非対称度を示す指標. とがりは,分布のとがり,または裾の広がりを示す指標. ともに|1.5|を超えると回帰式の信頼性が悪くなる.
相関係数	|0.9|未満	2つの説明変数間の多重共線性の有無を確認する指標 ※ VIFでもチェック可能
異常値	なきこと	異常値の原因が明確な場合は,回帰式の精度低下を防ぐため,データを削除して解析. 異常値の原因が不明な場合は,異常値を入れた場合と入れない場合の両方で解析.
VIF	10未満	3つ以上の説明変数間の多重共線性の有無を確認する指標.
トレランス	0.1以上	1/VIF
自由度調整済寄与率 (もしくは自由度2重調整済寄与率)	変動要因解析時 0.6以上 予測時 0.8以上	変数選択の指標,寄与率(得られた回帰式でどれくらい説明できるか,割合を表す指標)が,不必要に高くなってしまう欠点を補った指標. ※重回帰分析のなかで非常に重要な指標であることは間違いないが,他の確認プロセスを省略して,この値のみ確認して分析終わりとしてはいけない(残差など,他の項目もきちんと確認すること).
標準偏回帰係数	符号チェック(原理原則や知見など)	説明変数の単位に依存せず,特性値(目的変数)に対する各変数(説明変数)の影響の強さを表す指標.
予測値と残差の散布図	均等に分布していればよい	• 徐々に大きく(小さく)なる場合 ⇒ 回帰式の信頼性が悪い. • 曲線的(凹凸)な関係になる場合 ⇒ 何らかの変数変換が必要. • 外れ値がある ⇒ 外れ値をデータから除外して解析を行う.

コラム 8　回帰式の寄与率と予測精度

　筆者が実践支援するなかで「予測精度の良い回帰式をつくりたい」という相談を受けることが意外に多い．予測精度の良い回帰式の目安には，「残差の検討や回帰係数の符号や数値が固有技術で解釈できることを確認済みであり，かつ自由度調整済寄与率や自由度 2 重調整済寄与率が，目安として 0.8 以上あれば，予測式として活用できる」とするテキストが多いと思われる．もちろん，この 0.8 という数値については，0.6 や 0.9 などテキストによっては多少の幅があるかもしれない．さて，「この目安をクリアしたから，予測式として大手を振って実践で使える」といえるだろうか？　筆者はもう少し詳細な情報まで見たほうがよいと考えている．

　本章でも少し述べたが，自由度調整済寄与率や自由度 2 重調整済寄与率が目安の 0.8 以上となっても「95% の予測区間」もしくは，その簡易評価である「残差標準偏差」を確認することをお勧めする．

　具体例で見ていこう．ある成形圧力と製品強度のデータと散布図が**図表 H.1** となる場合，散布図より正の相関がありそうである．

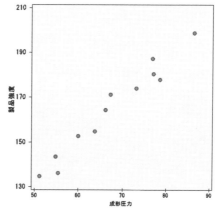

図表 H.1　成形圧力と製品強度のデータと散布図

　回帰分析で解析し，結果画面(ここでは重回帰分析の解析画面を使う)の図表 H.2 を見ると自由度調整済寄与率 0.954，自由度 2 重調整済寄与率 0.950 と一般的に予測に使える目安である 0.8 を大幅に超えており，予測精度も良さそうである.

　さて，ここで相談者から「予測値 ± 5 の精度が欲しい」と明確な目標を示されたらどうだろうか？　目標の予測精度に達しているか確認する目安「残差標準偏差」は，この画面で 4.4 となる. おおよそであるが，予測値 ± 2 σ が 95% 予測区間の目安となるので，本コラムでは予測値は「± 2 × 4.4 = ± 8.8」となり，相談者の欲しかった予測値 ± 5 の精度を超えていることがわかる. そのため，さらに予測精度を向上させるために新しいサンプルや変数を追加したり，同じ成形圧力でそもそも純粋なばらつきがどの程度なのかを把握したり確認することが必要になる.

変数選択	確定モデル	残差の分布	残差の連関	予測		
確定モデル	回帰係数	カテゴリスコア	スコアグラフ	予測判定グラフ	分散分析表	
	目的変数名	重相関係数	寄与率R^2	R*^2	R**^2	
	製品強度	0.979	0.958	0.954	0.950	
		残差自由度	残差標準偏差			
		10	4.400			
vNo	説明変数名	分散比	P値（上側）	偏回帰係数	標準偏回帰	トレランス
0	定数項	26.7240	0.000	42.453		
2	成形圧力	227.0319	0.000	1.810	0.979	1.000

図表 H.2　回帰分析の結果

変数選択	確定モデル	残差の分布	残差の連関	予測					
予測									
	最小値：	51.1							
	平均値：	67.6							
	最大値：	88.5							
No	予測値	95%信頼区間		95%予測区間		標準誤差		テコ比	N2
	製品強度	下限値	上限値	下限値	上限値	データ	母回帰		成形圧力
1	151.023	147.545	154.502	140.620	161.426	4.669	1.561	0.126	60.0
2	169.118	166.214	172.023	158.893	179.344	4.589	1.304	0.088	70.0
3	187.213	182.844	191.583	176.479	197.947	4.817	1.961	0.199	80.0
4									
5									

図表 H.3　各製品強度における 95% 予測区間

なお，前述の「残差標準偏差」を使った予測精度の見積もりは，大まかな目安となるため，最終的には「95％の予測区間」から具体的な予測精度を確認したほうがよい．例えば，成形圧力 60，70，80 で 95％予測区間を確認すると**図表 H.3** となり，いずれも ± 8.8 よりは幅も広めとなっている．

コラム 9　回帰式への質的変数の取り込み

「回帰式を作成するにあたり，質的変数(機械 A，B や材料 A，B)を回帰式に取り込みたい」という相談もよくある．そのまま質的変数を取り込めるケースもあれば，少し工夫が必要となるケースもあるので紹介する．

図表 I.1 は質的変数の成形装置 A，B で層別した成形圧力と製品強度の散布図である．散布図上では●が装置 A，×が装置 B となる．ここから**図表**

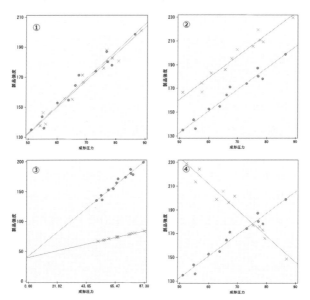

図表 I.1　4 種類の成形圧力と製品強度の散布図

I.1 の①〜④のそれぞれについて考えてみたい.

　まず①であるが, 装置 A, B の傾き, 切片ともに等しいケースである. この場合は, **図表I.2**のように［変数選択］で装置の分散比は 2 未満となるため, 装置の質的変数を回帰式に取り込む必要はなく, 回帰式は, 以下のようになる.

$$製品強度 = 1.786 \times 成形圧力 + 43.460$$

　そのため, このケースでは質的変数を取り込みたいといっても, 取り込む理由がない.

　次に②は, 傾きは等しいが, 切片が異なるケースである. この場合, 質的変数の装置を回帰式に取り込むことで, 切片の値を調整できる. 「変数選択で装置を取り込むかどうか」の定量的な判断は［変数選択］で装置の分散比が 2 以上かどうかを見ればよい. ［変数選択］画面(**図表I.3**)では, 装置の分散比は 233.49 と 2 以上で, 回帰式に取り込まれている. なお, 装置の偏回帰係数は, 装置 A を基準として, 装置 B は + 28.242 製品強度が向上すると解釈する. このとき, 回帰式は, 以下のようになる.

$$製品強度 = 1.813 \times 成形圧力 + 装置(A = 0 \ or \ B = 28.242)$$
$$+ 42.232$$

　③については, 傾きが異なり, 切片が等しいケースである. この場合は少し工夫が必要で装置によって成形圧力の傾きが異なることから, 成形圧力×装置の交互作用項を新しく作成して, 「変数選択でその交互作用項が取り込むかどうか」を定量的に判断すればよい. ［変数選択］結果(**図表I.4**)では, 成形圧力×装置の交互作用項が取り込まれた. ここで, 偏回帰係数は装置 A ×成形圧力を基準として, 装置 B ×成形圧力は1.3 減るという意味である. 実際に装置 A だけで回帰式を作成すると, 偏回帰係数は1.8 であり, 装置 B だけで回帰式を作成すると, 偏回帰係数は0.5 となる. つまり, 1.8 →0.5 と1.3 減っていることに対応している. **図表I.4**の画面は［実験計画法］—［1 特性の最適化］の［変数選択］画面を使っている. その理由は, 成形圧力×装置の項が簡単に作成できるためである. このとき, 回帰式は以下

変数選択	確定モデル	残差の分布		残差の連関		予測

変数選択 選択履歴 SE変化グラフ 偏回帰プロット一覧 偏回帰プロット 偏回帰残差一覧

	目的変数名	重相関係数	寄与率R^2	R*^2	R**^2	
	製品強度	0.977	0.955	0.953	**0.951**	
		残差自由度	残差標準偏差			
		22	4.331			
vNo	説明変数名	分散比	P値（上側）	偏回帰係数	標準偏回帰	トレランス
0	定数項	57.2814	0.000	43.460		
2	成形圧力	463.9546	0.000	1.786	0.977	1.000
4	装置	0.4397	0.514			

図表I.2　傾き，切片ともに等しいケース（図表I.1①）の変数選択

変数選択	確定モデル	残差の分布		残差の連関		予測

変数選択 選択履歴 SE変化グラフ 偏回帰プロット一覧 偏回帰プロット 偏回帰残差一覧

	目的変数名	重相関係数	寄与率R^2	R*^2	R**^2	
	製品強度	0.986	0.971	0.969	0.966	
		残差自由度	残差標準偏差			
		21	4.516			
vNo	説明変数名	分散比	P値（上側）	偏回帰係数	標準偏回帰	トレランス
0	定数項	48.9121	0.000	42.232		
2	成形圧力	431.4225	0.000	1.813	0.768	0.995
4	装置	233.4894	0.000			
	A			0.000		
	B			28.242		

図表I.3　傾きが等しく，切片が異なるケース（図表I.1②）の変数選択

変数選択 分散分析表 予測判定グラフ 選択履歴

特性値名：　製品強度　∨

	目的変数名	**重相関係数**	寄与率R^2	R*^2	R**^2
	製品強度	**0.998**	0.996	0.996	0.996
		残差自由度	残差標準偏差		
		21	3.043		
vNo	説明変数名	**分散比**	P値（上側）	偏回帰係数	トレランス
0	定数項	100.4156	0.000	41.268	
2	成形圧力	900.4644	0.000	1.827	0.956
4	装置	0.0877	0.770		
A	成形圧力*装置	5564.4849	0.000		
	A*成形圧力			0.000	
	B*成形圧力			-1.345	

図表I.4　傾きが異なり，切片が等しいケース（図表I.1③）の変数選択

のようになる.

$$製品強度 = 1.827 \times 成形圧力 + 成形圧力 \times 装置(A = 0 \ or \ B = -1.345) + 41.268$$

　最後に④の傾き，切片ともに異なるケースである．このときも②や③の方法で回帰式をつくれないことはないが，筆者は層別して別々の回帰式を作成することを勧めている．「1つの回帰式で表現することに明確な理由(例えば，データ数が少なくて複数の回帰式をつくる自由度が小さいなど)が特にないのなら，素直に層別するほうがわかりやすいのではないか」と筆者は考えている．

第 6 章
分類

　本章では分類手法について紹介する．これは大きく 2 つの考え方に分けられ，モデル(境界線や境界平面)によって集団を分類していく SQC の判別分析と機械学習のサポートベクターマシン(SVM)を **6.1 節**で，特徴の差が最も表れるように層別(分岐)を繰り返し，集団を分類していく SQC の AID，CAID と機械学習のランダムフォレストを **6.2 節**で，それぞれ説明する．

6.1 「SQC ―判別分析」と「機械学習―サポートベクターマシン(SVM)」

　花弁幅や花弁長から花の種類を判別したり，品質に影響する変数から良品と不良品を判別したりと，多くの説明変数(量的変数)から，それぞれのサンプルがどちらの集団に属するか判別する分類手法を本節で説明する．

　SQC の判別分析は，モデルとなる判別関数をデータから作成してどちらに属するかを決定する．一方，機械学習のサポートベクターマシン(SVM)は，カーネル法によってデータを高次元特徴量空間に写像し，その空間上で判別境界を作成して判別を行う．これは，通常のデータ空間では線形で分離できないようなデータを線形で分離できるなど，高い判別能力を有する手法といわれている．

6.1.1　SQC ―判別分析

　判別分析は，多くの説明変数からモデル(判別関数)を作成し，その値から「サンプルがどの群に属するのか」を求めていく．例えば，モデルの値が 0 ＞ならば集団 A に属し，0 ＜ならば集団 B と判断する．このとき，判別関数は

	● S1	● C2	● M3	● M4
	サンプル名	機械	強度縦	強度横
● 1	s1	A	77.2	57.3
● 2	s2	A	82.7	58.1
● 3	s3	A	80.3	63.2
● 4	s4	A	82.6	59.8
● 5	s5	A	76.6	56.9
● 6	s6	A	86.8	63.2
● 7	s7	A	81.9	63.6
● 8	s8	A	80.4	60.4
● 9	s9	A	77.7	58.7
● 10	s10	A	80.3	56.2
● 11	s11	A	77.6	59.6
● 12	s12	A	85.1	63.6
● 13	s13	A	84.3	62.1
● 14	s14	A	79.0	57.3
● 15	s15	A	82.0	60.2
● 16	s16	A	80.3	62.3
● 17	s17	A	80.6	63.0
● 18	s18	A	78.4	57.9
● 19	s19	A	86.6	67.1
● 20	s20	A	82.6	60.5
● 21	s21	A	83.3	60.2
● 22	s22	A	77.6	58.9
● 23	s23	A	82.8	61.4
● 24	s24	A	81.5	61.4
● 25	s25	A	80.3	63.1
● 26	s26	A	80.7	61.7
● 27	s27	A	77.4	57.1
● 28	s28	A	83.0	60.6
● 29	s29	A	82.7	61.4

注) 2重波形の下には機械Bのデータが並ぶ.

図表6.1 成形品の強度データ

各々の群が正規分布に従うことを前提として,「集団Aに属するサンプルを集団Bと間違える確率」と「集団Bに属するサンプルを集団Aと間違える確率」が等しくなるように作成される. ものづくりでは正規分布になることが多いことから, この考え方がよく使われており, 実践での活用例を以下に示す.

　図表6.1は, ある成形品の縦方向と横方向の強度とそれぞれを成形した機械A, 機械Bのデータ(各 $n = 100$)である. また, 多変量連関図から [強度縦] と [強度横] の散布図を拡大し, さらにメニューボタンの [層別] によって機

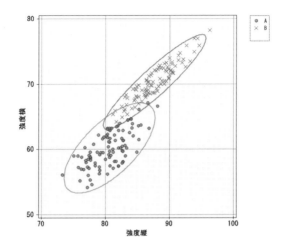

図表 6.2　強度縦と強度横の散布図（機械 A と機械 B で層別）

械 A，機械 B に分け，確率楕円 2 σ を表示したものが**図表 6.2** となる.

　これより，「強度縦」では 85 付近が，「強度横」では 65 付近が 2 つの群の重なる領域であり，どちらに属するかの判別は散布図上では難しいデータであることがわかる. これに対して，「強度縦」「強度横」のデータからどちらの機械で成型したかを判別分析で解析してみる.

　判別分析で解析するためにはまず，メニューから［手法選択］―［多変量解析］―［判別分析・数量化 II 類］をクリックする. 表示される［判別分析・数量化 II 類の変数指定］ダイアログの目的変数に［機械］，説明変数に［強度縦］と［強度横］を指定し次へ進むと，**図表 6.3**（上）の変数選択の画面となる. これより，画面内の *F* 値が分散比となり，重回帰分析の変数選択と同様に 2 以上が変数を取り込む目安となる. まず，［強度横］の *F* 値が 635.6 と 2 以上なのでクリックして取り込むと，［強度縦］の *F* 値が 11.6 と 2 以上になるため，同様にクリックして取り込むと，**図表 6.3**（下）となる. なお，ここでは手動で変数を取り込んだが，メニューボタンの［変数増減法］から，デフォルトのまま［OK］をクリックしてもよく，手動と同様の結果となる.

変数選択	判別関数	一般的判定	ジャックナイフ判定	予測			
変数選択							

目的変数		判別効率D^2	D*^2	D**^2		群	重心スコア
機械	マハラノビス距離	−	−	−		1：A	−
	誤判別率(%)	−	−	−		2：B	

vNo.	定数項	判別効率D^2	変化量	誤判別率	F値	P値(上側)	判別係数
3	強度縦	5.3	5.3	12.5	265.3	0.0	
4	強度横	12.7	12.7	3.7	635.6	0.0	

変数選択	判別関数	一般的判定	ジャックナイフ判定	予測			
変数選択							

目的変数		判別効率D^2	D*^2	D**^2		群	重心スコア
機械	マハラノビス距離	13.697	13.519	13.347		1：A	6.848
	誤判別率(%)	3.212	3.300	3.387		2：B	−6.848

vNo.	定数項	判別効率D^2	変化量	誤判別率	F値	P値(上側)	判別係数
							66.983
IN 3	強度縦	12.7	−1.0	3.7	11.6	0.0	0.6
IN 4	強度横	5.3	−8.4	12.5	178.4	0.0	−1.7

図表 6.3　変数選択画面　選択前(上)と選択後(下)

　図表 6.3(下)の一番右にある判別係数の値が判別式の係数である．そのため，判別式(Z)は「$Z = 0.6 ×$ 強度縦 $- 1.7 ×$ 強度横 $+ 66.983$」となる．ここで，この式を具体的にイメージするため，散布図上に表現したい．しかし JUSE-StatWorks/V5 にはその描画機能がないため，Excel で $Z = 0$ の判別境界線を描画したものを図表 6.4 に示す．

　図表 6.4 より，$Z = 0$ の判別境界線は 2 つの群の重なる部分を直線で横切ることが確認できる．この判別式がどれだけ判別に役立つか(判別性能はどれくらいか)の指標には誤判別率が用いられる．図表 6.3(下)に表示されている D*^2 や D**^2(自由度調整判別効率，自由度二重調整判別効率)の誤判別率を見ると，D*^2 = 3.3%，D**^2 = 3.4%である．つまり，判別性能としては96.6〜96.7%正解する式といえる(この誤判別率は 2 つの群が正規分布に従った場合の理論的な誤判別率)．なお，実際に誤判別したサンプルは，[一般的判定]のタブから確認でき，図表 6.5(上)のように誤判別率は 2.5%となった．その内訳は B と予測して実際には A だったのもが 3 つ，A と予測して，実際には B であったものが 2 つであった(図表 6.5(下))．このように，判別分析で

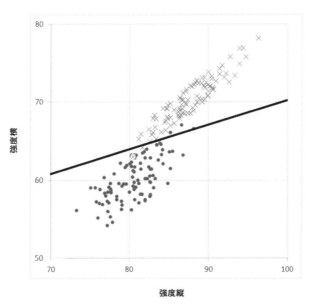

図表 6.4　散布図上に描画した Z = 0 の判別境界線

変数選択	判別関数	一般的判定	ジャックナイフ判定			

誤判別表　サンプル表示　スコアのヒストグラム

正答(実測値)	195	97.50%	
誤答(実測値)	5	2.50%	
観測/予測	A	B	合計
A	97	3	100
B	2	98	100
合計	99	101	200

変数選択	判別関数	一般的判定	ジャックナイフ判定	予測

誤判別表　サンプル表示　スコアのヒストグラム

No	観測	予測	判別スコア	1:マハラノビス距離	1:確率%	2:マハラノビス距離	2:確率%
19	1:A	2:B	-1.839	5.913	5.201	2.236	32.701
68	1:A	2:B	-0.137	6.214	4.474	5.939	5.133
83	1:A	2:B	-0.873	4.419	10.975	2.672	26.288
115	2:B	1:A	1.919	3.008	22.227	6.845	3.263
168	2:B	1:A	0.495	3.783	15.082	4.773	9.195

図表 6.5　判別分析の結果

は間違える確率が両群でほぼ等しくなるよう判別境界線が作成されている.

　また，ここでの「一般的判定」に加えて，「ジャックナイフ判定」も活用したい．ジャックナイフ判定は，n 個のサンプルから1個除いた状態で判別式を作成し，除いた1個のサンプルを正しく判定できるか調べる方法である．これは，5.5節で紹介した Leave-one-out 法と等価である．しかし，ジャックナイフ法のほうが交差検証をしているので誤判別率は高くなる傾向があり，実践で活用する際には，こちらの数値を確認することをお勧めする．一般的判定の結果と比較し，大幅に誤判別率が増加する場合には，判別式に取り込まれた変数のなかに，判別に役立たない変数が取り込まれている(過学習している)ことが考えられるので注意したい.

　以上のようにして，判別分析によって誤判別率約3％の判別式が作成できた．実務上，この精度で十分であれば，この判別式を活用すればよい．ただし，さらに誤判別率を小さくしたければ，判別に有効な新しい変数を追加するなどを検討していくことになるが，ここでは，機械学習のサポートベクターマシン(SVM)にてさらなる精度向上を目指してみる.

6.1.2　機械学習―サポートベクターマシン(SVM)

　サポートベクターマシンで解析するためには，まずメニューの［手法選択］―［機械学習］―［サポートベクターマシン(SVM)］をクリックする．表示される［変数選択］のダイアログにて判別分析と同様に，目的変数に［機械］，説明変数に［強度縦］［強度横］を指定して，次へ進む．そして，［データ］のタブにある［1変量グラフ］や［多変量連関図］，［基本統計量］等でデータに問題ないことを確認した後に，［カーネル関数］のタブをクリックすると，［モデルの選択］ダイアログが表示される(図表6.6).

　このダイアログで，サポートベクターマシンのパラメータを設定する．［モデル］は目的変数が2値のため，2クラス分類がデフォルトで選択されている．［カーネル関数］の項目はデフォルトでは線形カーネルとなっているが，一般的に良く使われるガウスカーネルに変更する(線形分離できないようなデータ

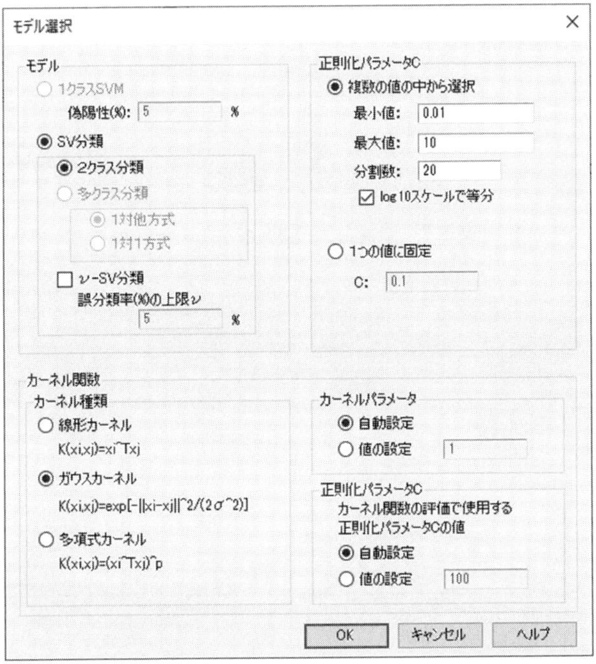

図表6.6 モデルの選択ダイアログ

でもデータ空間上で判別境界を非線形にして，さらなる判別精度向上を目指す
ため).［正則化パラメータ C］の項目など，その他の設定はデフォルトのまま
［OK］をクリックする．次の「モデル評価方法」のダイアログでは，クロス
バリデーションの方法を選択するが，こちらもデフォルトの K-分割交差検証
法のまま［OK］をクリックして解析を進める(本書の再現をする場合は乱数
のシード値を1にする).

　すると，［カーネル関数］タブが表示され，先のダイアログで指定した条件
でのクロスバリデーションで決定した［正則化パラメータ］や［カーネルパラ
メータ］［学習データの誤分類率］［検証データの誤分類率］などの解析結果が
表示される(**図表6.7**).

　［カーネルパラメータ］のタブではカーネルパラメータ σ の推移による学習

図表6.7 決定した正則化パラメータなど

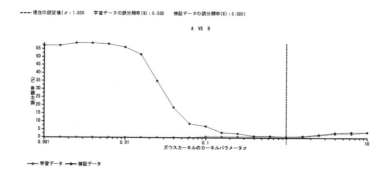

図表6.8 カーネルパラメータと学習データ, 検証データの誤分類率の推移

データと検証データの誤分類率が確認できる(**図表6.8**). 検証データの誤分類率に注目すると, σ が0.01を超えたあたりから急激に小さくなり, σ が1付近で最も小さくなっている. その後, 1より大きくなると, 徐々に検証データの誤分類率も大きくなり, 学習不足になりつつあることが確認できる.

ちなみにJUSE-StatWorks/V5では検証データの誤分類率が最も小さいカーネルパラメータ σ が採用されるため, ここでは $\sigma = 1$ が選択されている. 特に局所解になっておらず, 適切なパラメータを選択しているといえる.

なお, **図表6.8** の具体的な数値は[評価表]のタブにて確認することができ, $\sigma = 1$ での学習データおよび検証データの誤分類率は0.5%である. さらに, [グラム行列]のタブでは作成したカーネル関数での変換後の値も確認できる.

カーネル関数の結果を確認したら, [モデル選択]のタブにて決定したカー

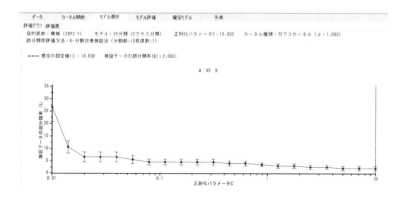

図表6.9 正則化パラメータと検証データの誤分類率の推移

		予測結果					
		A	B	合計	誤分類数	誤分類率(%)	再現率(%)
学習データ	実測結果 A	99	1	100	1	1.000	99.000
	B	2	98	100	2	2.000	98.000
	合計	101	99	200			
	誤分類数	2	1		3		
	誤分類率(%)	1.980	1.010			1.500	
	適合率(%)	98.020	98.990				98.500

図表6.10 モデル評価の結果

ネル関数を使った正則化パラメータ C の推移による検証データの誤分類率を確認する(**図表6.9**).前述と同様,誤分類率が最も小さい正則化パラメータ C が採用され,ここでは C = 10 となっている.本節の事例では正則化パラメータの探索範囲は0.01 から10 であるため,探索範囲の上限を10 からさらに大きく変更して再検討することも必要であるが,誤分類率が小さいため,このまま解析を進める.

　[モデル評価]のタブをクリックすると学習データの分類結果や誤判別表が確認できる.その結果,誤判別数(画面上では誤分類数)は3となり,判別分析よりも少ない結果となった(**図表6.10**).

　次に,[確定モデル]タブの[分類境界グラフ]で,今回得られたデータ空

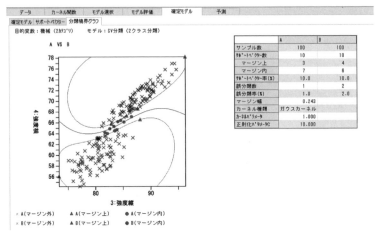

図表 6.11　分類境界グラフ

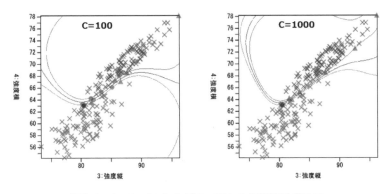

図表 6.12　C=100 および C=1000 の分類境界グラフ

間での分類境界を確認すると，分類境界が曲線（非線形）となるため，2つの群の境目を絶妙に分類する境界であることがわかる（**図表 6.11**）．

　以上より，サポートベクターマシンの解析では，線形分類しにくいデータの場合，判別分析より判別性能を向上させることができた．なお，前述したように正則化パラメータの探索範囲の上限を10としたが，さらに大きく100や1000にした結果を**図表 6.12**に示す．このデータにおいては，Cが大きくなる

につれ，針の目を通すようなマージンの少ない分類境界も引けてしまうことに
なる．ちなみに誤分類率は C = 100，C = 1000 ともに 0.5％（誤分類数は 1）
であった．ただし，これによって判別能力が向上したと手放しで喜べるわけで
はなく，見てわかるように過学習を心配しなければならない判別境界になるな
ど，正則化パラメータ C の決定は難しいといえる．さらに，モデルが式の形
で表現できないため，固有技術に照らし合わせて解釈することが困難であるこ
とにも注意したい．一方，判別分析はモデルが式の形（判別式）で求められるた
め，「説明変数が 1 単位増えたとき，どちらの群に向かっているか」を式で解
釈できるため，固有技術に照らし合わせることができるメリットがある．

6.1.3 本節のまとめ

　各々の群が，ものづくりによく見られる正規分布に近ければ結果を解釈しや
すく，要因解析にも使える判別分析をお勧めする．サポートベクターマシン
（SVM）にいくら強力な判別力があろうとも，判別分析で実務上，事足りるの
であればわざわざ SVM を使う必要はないと筆者は考えている．

　ただし，要因解析ではなく検査などの分類が目的であって，判別分析で判別
能力が不十分な場合は，SVM で精度向上を目指していくのがよい．なお，
SVM を使うときに理解してほしいのは，本章のようにガウスカーネルや今回
扱わなかった多項式カーネルを使用する場合に判別式が表示されないため，判
別境界の解釈を原理原則や固有技術で解釈することが難しくなることである．

6.2 「SQC — AID, CAID」と「機械学習—ランダムフォレスト」

　特徴（結果）の差が最も表れるように層別（分岐）を繰り返し，問題の主な原因
を突き止めるなどのターゲットを絞り込む分類手法を本節で説明する．SQC
では，AID（多段層別分析）と CAID（多肢層別分析）となる．これらは，ともに
連続した層別，つまり組合せの効果（交互作用）を考慮できることが強力な武器

となる．さらに，分岐の様子も可視化できるため，原理原則および固有技術で解釈しやすいというメリットがある．

　一方，機械学習ではランダムフォレストとなり AID，CAID とほぼ等価な機能を有する決定木が解析プロセスに含まれる．多様な決定木を使うことで，未知のデータに対して高い識別能力(汎化能力)をもたせる手法がランダムフォレストとなる．

6.2.1　SQC — AID，CAID

　ある半導体製造工程のアルミニウム成膜の量産条件を検討する場面で，アルミニウム表面の光沢の良さをランクづけしたデータ($n = 50$)を**図表6.13**に示す．本項では，ここから，光沢ランクが A となるアルミニウムの成膜条件を明らかにしていく．この事例では，光沢のランクは目視検査による定性評価となり，「ランク A ―光沢に問題なし」と「ランク B ―光沢にムラなどの問題あり」の2カテゴリの質的変数となっている．

	● s1	● C2	● C3	● C4	● C5	● C6
	サンプル名	設定温度	プレ成膜	成膜ガス	添加ガス	光沢ランク
● 1	s1	室温	あり	A社	あり	A
● 2	s2	100℃	なし	B社	なし	A
● 3	s3	100℃	あり	A社	なし	B
● 4	s4	室温	なし	A社	なし	B
● 5	s5	室温	あり	A社	あり	A
● 6	s6	100℃	なし	A社	なし	B
● 7	s7	室温	なし	B社	なし	A
● 8	s8	100℃	なし	A社	なし	B
● 9	s9	100℃	あり	B社	あり	B
● 10	s10	100℃	あり	A社	なし	B
● 11	s11	100℃	なし	A社	あり	B
● 12	s12	100℃	あり	B社	あり	B
● 13	s13	室温	なし	B社	あり	A
● 14	s14	室温	なし	B社	あり	A
● 15	s15	100℃	なし	B社	あり	B
● 16	s16	100℃	あり	A社	あり	B
● 17	s17	100℃	あり	A社	なし	B
● 18	s18	100℃	あり	B社	あり	B
● 19	s19	室温	あり	A社	あり	A
● 20	s20	室温	あり	B社	あり	A
● 21	s21	室温	あり	A社	なし	A
● 22	s22	室温	あり	B社	あり	A
● 23	s23	100℃	なし	B社	あり	B
● 24	s24	室温	なし	A社	なし	B

図表6.13　光沢ランクのデータ

　目的変数および説明変数ともに質的変数であるため，本項では CAID で解析する．なお，AID も同様の解析ができる．両者の違いは分類の基準であり，CAID はチュプロウの T 値，AID は F 値（正確には F 値のほかにも最終ノード数など5つある）を使用する．また，AID は目的変数および説明変数ともに量的変数，質的変数いずれにも対応しているが，目的変数は2カテゴリ（2値）のみという制約がある．一方，CAID は目的変数および説明変数ともに質的変数のみという制約があるが，2カテゴリ以上にも対応しているため，**図表6.13** の目的変数の光沢ランクが A，B，C と3カテゴリでも解析が可能となる．

　CAID の解析を進める前に基本解析として，多変量連関図を確認する（**図表6.14**）．メニューボタンから［注目グラフ］を選択すると，「光沢ランク」に対して，「設定温度」「成膜ガス」が強調表示されている．これはカイ2乗検定で5％有意となる質的変数の組合せを示しており，強い関連性がある（両者は独立ではない）と判定されている．つまり，これら2つの成膜条件が光沢ランクを改善するヒントになるともいえる．

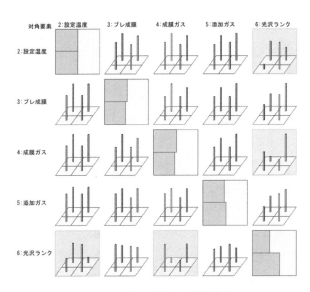

図表6.14　多変量連関図（立体棒グラフ）

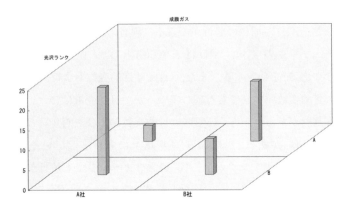

成膜ガス

光沢ランク

A

B

A社　　　　　　　B社

図表6.15　光沢ランクと成膜ガスの立体棒グラフ

　具体的に「光沢ランク」と「成膜ガス」の立体棒グラフを拡大すると**図表6.15**となる．これより，「成膜ガスはB社のほうが光沢ランクAの件数が多く有利な条件である」と確認できる．同様に，「光沢ランク」と「設定温度」の立体棒グラフでは「設定温度は室温のほうが光沢ランクAの件数が多い」と確認できる．

　このように大まかに光沢ランクに有利な条件を確認できたため，CAIDにてさらに層別を繰り返し，条件の組合せ(交互作用を考慮した)による光沢ランクの良い条件を見つけてみる．

　そのため，メニューから［手法選択］─［多変量解析］─［CAID(多肢層別分析)］をクリックする．表示される［変数の指定］ダイアログでは，基準変数(目的変数)に［光沢ランク］を，説明変数に残りの4変数を選択して次へ進む．すると，［カテゴリ設定］となり，各変数のカテゴリごとの件数が表示される．ここで，「件数が正しいか」「件数に極端な偏りなどないか」を確認する．本項の事例では，件数に大きな偏りはないが，もし極端に少ない件数のカテゴリがあれば，［カテゴリ統合］から統合することもできる．その後，［カテゴリ集計］のタブをクリックすると**図表6.16**のように，変数ごとの件数の割合が円グラフで表示されるため，グラフ上でも傾向等を把握していく．

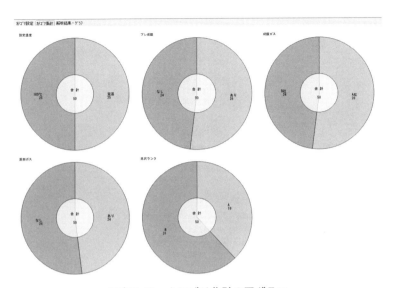

図表6.16　カテゴリ集計の円グラフ

　次に，［解析結果・グラフ］タブに移動すると，基準変数に指定した［光沢ランク］の円グラフが表示される．ここから，ステップ数の右矢印をクリックすることで層別が開始され，1回クリックすると［成膜ガス］で層別された円グラフが表示される．これは，光沢ランクの差が最も表れる変数が「成膜ガス」となることを意味している．画面上で右クリックをすると，**図表6.17** のように，各説明変数のチュプロウの T 値が表示され，この数値が基準変数の差の現れ具合を示している．本項の事例では，成膜ガスが $T = 0.4850$ と最も大きい値なので，1番目の層別因子として選択されたことになる．

　なお，チュプロウの T 値が表示されている画面で他の変数を層別因子に選択できる．このとき，固有技術にもとづいて考えることで，あえて他の変数を選択することなども必要に応じて検討すべきである．

　このようにステップ数の右矢印をクリックし，層別を繰り返してくと，ステップ数は5まで進む(**図表6.18**)．これがCAID の層別結果で，その詳細を確認していくと，光沢ランクA が100%となる成膜条件とその件数(**図表6.18**

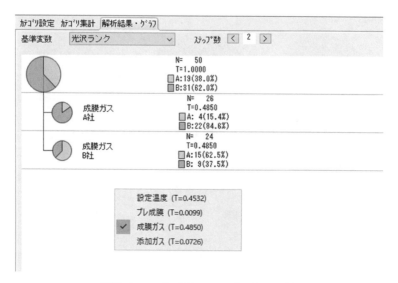

図表6.17 各変数のチュプロウのT値

にあわせて *N* と表記する)は，以下の2条件あることが確認できた．

- 成膜ガスB社—設定温度が室温(*N* = 12)
- 成膜ガスB社—設定温度100℃—プレ成膜なし—添加ガスなし(*N* = 3)

特に後者は，サンプルサイズも小さいので，偶然かもしれない．そのため，*n* 増しや固有技術での裏づけによって，この条件で光沢ランクAになる理由を説明できることが大切となる．

このように，CAIDは4変数の組合せによる結果を確認できるなど，複雑に絡み合った条件(交互作用)から新しい発見につながる可能性を秘めている．

一方，光沢ランクBが100％の成膜条件は，以下のような4条件であった．

- 成膜ガスA社—添加ガスあり—プレ成膜なし(*N* = 6)
- 成膜ガスA社—添加ガスなし(*N* = 14)
- 成膜ガスB社—設定温度100℃—プレ成膜あり(*N* = 6)
- 成膜ガスB社—設定温度100℃—プレ成膜なし　添加ガスあり(*N* = 3)

このように層別を繰り返すことで，光沢ランクAやBの発生条件を特定で

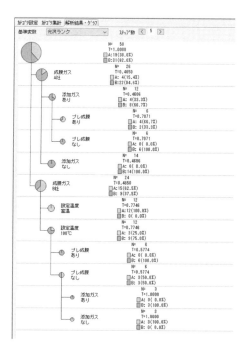

図表6.18 CAID の解析結果

きるため，固有技術と照らし合わせて結果を解釈していけばよい．なお，今回
の層別の基準はデフォルトの5％を使用しているが，メニューボタンの［有意
判定基準変更］から任意の数値に変更することが可能である．**図表6.18**の結
果よりもさらに細かく層別をしたければ，5％→20％などと数字を大きくす
れば，その有意水準に対応した層別が可能となる．

　次に参考として，AID でも解析してみる．メニューから［手法選択］―［多
変量解析］―［AID（多段層別分析）］をクリックし，表示された［AID の変数
指定］ダイアログで目的変数に光沢ランクを，残りの変数を説明変数に選択し
て，次へ進む．［カテゴリ情報］のタブでデータに問題ないことを確認し，そ
の隣の［解析］タブに移動する．その後，メニューボタンの［逐次選択］をク
リックすると「分割は終了しました」というコメントが出るので，［OK］を

ノード・ツリー	ノード	n	被分割変数	カテゴリ	SB/ST	第2群の比率
	0	50			0.235	0.620
	1	24	成膜ガス	B社	0.287	0.375
	3	12	設定温度	室温	停止3	0.000
	4	12	設定温度	100℃	停止1	0.750
	2	26	成膜ガス	A社	0.061	0.846
	5	12	添加ガス	あり	0.113	0.667
	7	6	プレ成膜	あり	停止2	0.333
	8	6	プレ成膜	なし	停止4	1.000
	6	14	添加ガス	なし	停止3	1.000

図表 6.19　AID の解析結果

クリックして［2進木］のタブに移動すれば，AID の解析結果が表示される（**図表 6.19**）．

　分割の判定基準(F 値など 5 つ)が CAID とは異なるため，多少異なる解析結果となっている．例えば，CAID ではランク A となる条件で，「成膜ガス B 社―設定温度 100℃―プレ成膜なし―添加ガスなし」を見つけたが，AID ではそこまで細かく層別はできていない．なお，細かく層別するために AID の判定基準を見直す場合は，［カテゴリ情報］タブのメニューボタンにある［停止規則］で設定する．

6.2.2　機械学習―ランダムフォレスト

　SQC における CAID や AID は層別の様子が可視化されるので，解釈しやすいというメリットを説明した．ただし，これらの手法は，モデル作成に使用したデータのみに対して当てはまりすぎる(つまり，過学習となり汎化能力が低い)可能性を指摘されることがある．

　その一方で，機械学習のランダムフォレストは，アンサンブル学習とよばれる多様な決定木を作成し，多数決をとることで学習に使われていないデータに対して高い識別性能(汎化能力)をもつ特徴がある．これを以下で説明する．

　ランダムフォレストを活用するためにはまず，メニューから［手法選択]―

図表 6.20　モデル選択(左)とモデルの評価方法ダイアログ(右)

[機械学習]─[ランダムフォレスト]をクリックする．表示される［変数選択］ダイアログでは目的変数に［光沢ランク］，説明変数にそれ以外の変数を選択して次へ進む．そして表示される［データ］では，［1変量グラフ］や［多変量連関図］，［基本統計量］等でデータに問題ないかを確認する．

　その後，［決定木］のタブをクリックすると**図表6.20**(左)のように［モデル選択］のダイアログが表示され，決定木に関するパラメータを設定する．ここでは，デフォルトのまま［OK］をクリックする．次に**図表6.20**(右)のように［モデル評価方法］のダイアログが表示され，クロスバリデーションやダブルクロスバリデーションの設定ができる(5.5節，5.6節参照)．本項の事例での決定木はランダムフォレストの予備解析という位置づけのため，モデルの汎化能力の評価を目的とするダブルクロスバリデーションは行わない．そのため，［最終評価用サンプルの確保］はチェックせずに，デフォルトのまま［OK］をクリックする．

　すると，［樹形図］タブに**図表6.21**が表示される．これは，**図表6.20**で設定した条件に従って作成された決定木が樹形図の形で表示され，CAID やAID のような分岐の全体像を確認することができる(決定木の分類基準はジニ係数)．なお，乱数を使っているため，求まる結果は解析を繰り返すごとに異なることがある．**図表6.21**と一致させるには乱数のシード値を10000にすればよい(乱数のシード値は**図表6.20**(右)の詳細設定より指定できる)．樹形図

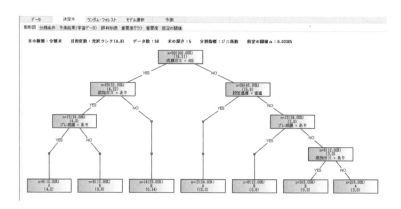

図表6.21 決定木の樹形図

図表6.22 決定木の分類条件の詳細

を詳細に見ていくと，表現の仕方が Yes-No 形式になっているだけで，CAID と全く同じ解析結果であることが確認できた．

　次に［分類条件］タブに移動すると，決定木の分類結果やデータ数，データ割合，分岐の条件等が確認できる（**図表6.22**）．また，その隣の「予測結果（学習データ）」のタブでは，この決定木で分類を予測した場合の結果も表示されている（**図表6.23**）．詳細に見ていくと，s16 と s26 をランク A と予測したのに，実際にはランク B と予測が間違っていたことがわかる．これらの予測結果が正しかったか否かは［誤判別表］タブで表示される一覧から誤分類率が4％（予測を2個間違った）と確認できる（**図表6.24**）．このように分類の予測とその結果が正しかったかを示す機能は CAID や AID にはなく，決定木を使うメリットの1つとなる．

6.2 「SQC ― AID, CAID」と「機械学習―ランダムフォレスト」 *125*

データ		決定木	ランダム・フォレスト	モデル選択		予測	

樹形図　分類条件　予測結果(学習データ)　誤判別表　重要度グラフ　重要度　剪定の閾値
木の種類：分類木　目的変数：光沢ランク　データ数：50　木の深さ：10　分割指標：ジニ係数　剪定の閾値α：

No	サンプル名	目的変数		説明変数			
		分類結果	光沢ランク	設定温度	プレ成膜	成膜ガス	添加ガス
1	s1	A	A	室温	あり	A社	あり
2	s2	A	A	100℃	なし	B社	なし
3	s3	B	B	100℃	あり	A社	なし
4	s4	B	B	室温	なし	A社	なし
5	s5	A	A	室温	あり	A社	あり
6	s6	A	B	100℃	なし	A社	なし
7	s7	A	A	室温	なし	B社	なし
8	s8	B	B	100℃	あり	A社	なし
9	s9	B	B	100℃	あり	B社	あり
10	s10	B	B	100℃	あり	B社	なし
11	s11	A	A	100℃	あり	A社	なし
12	s12	B	B	100℃	あり	B社	なし
13	s13	A	A	室温	なし	B社	あり
14	s14	A	A	室温	なし	B社	あり
15	s15	B	B	100℃	なし	B社	あり
16	s16	B	B	100℃	あり	A社	あり
17	s17	A	A	100℃	あり	B社	なし
25	s25	B	B	100℃	なし	B社	あり
26	s26	A	B	100℃	あり	B社	あり
27	s27	A	A	室温	あり	B社	なし

図表 6.23　決定木の予測結果(学習データ)

データ	決定木	ランダム・フォレスト	モデル選択	予測

樹形図　分類条件　予測結果(学習データ)　誤判別表　重要度グラフ　重要度　剪定の閾値
木の種類：分類木　目的変数：光沢ランク　データ数：50　木の深さ：10　分割指標：ジニ係数　剪定の閾値α：0.03385

		予測結果		合計	誤分類数	誤分類率(%)	再現率(%)
		A	B				
学習データ	実測結果 A	19	0	19	0	0.000	100.000
	B	2	29	31	2	6.452	93.548
	合計	21	28	50			
	誤分類数				2		
	誤分類率(%)	9.524	0.000			4.000	
	適合率(%)	90.476	100.000				96.000

図表 6.24　決定木の誤判別表

　各変数の重要度は，［重要度グラフ］(**図表 6.25**)における［重要度］のタブから確認できる．重要度は分類指標の変化量をもとに計算されている値であり，絶対値に大きな意味はないが，「どの変数が分類に効いているか」を把握することはできる．例えば，本項の事例では，「設定温度と成膜ガスの分類への影響が大きい」と解釈できる．また，［剪定の閾値］タブではジニ係数と，誤分類率，葉ノード(終端ノード)の数が表示される(**図表 6.26**)．今回の解析では，剪定の閾値は 0.03385 がクロスバリデーションの結果より選択され(**図表 6.26**

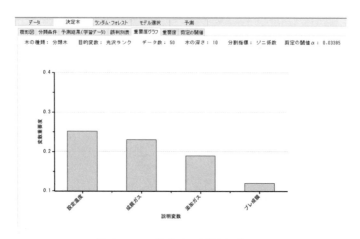

図表 6.25　決定木の重要度グラフ

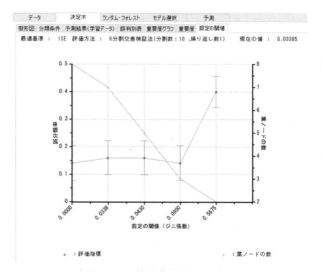

図表 6.26　決定木の剪定の閾値

右上の現在の値），そのときの誤分類率の折れ線グラフより，平均値が 0.15 付近であることや葉ノードの数が 7 であることが確認できる．

　ここまで，決定木を予備解析に位置づけて，予測性能の見積もりや重要な変

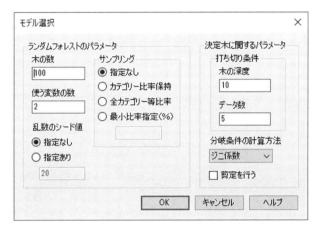

図表 6.27　ランダムフォレストの［モデル選択］のダイアログ

数を確認してきた．次に，多様な決定木を作成し，多数決をとるアンサンブル学習であるランダムフォレストの設定に移る．ここで，ランダムフォレストは，多様な決定木を作成する段階でモデル作成に使われない(学習に使われていない)データに対して高い識別性能(汎化能力)をもつとされる．

　［ランダムフォレスト］のタブをクリックすると，表示される**図表 6.27** の［モデル選択］のダイアログで，ランダムフォレストのパラメータである木の数や使う変数の数を指定できる．本項の事例ではデフォルトのまま［OK］をクリックする．次に，［モデル評価方法］ダイアログが表示されるが，これもデフォルトのまま［OK］をクリックする．

　すると，**図表 6.28** の予測結果(学習データ)が表示され，木の本数が100，使う変数の数が2のランダムフォレストの結果となる．［誤判別表］(**図表 6.29**)では正誤表に「学習データ」だけではなく，「OOB データ」の予測結果も表示されるなど，未知のデータを想定した場合の予測性能を見積もることができる．本項の事例では，OOB データの誤分類率は4％(予測を間違ったサンプルは2個．なお，多様な決定木はランダムに変数やデータを使って作成されるため，解析するごとに結果が異なることがある)となり，予測性能も優れていることが確認できた．

データ　決定木　ランダム・フォレスト　モデル選択　予測

予測結果(学習データ)　誤判別表　重要度グラフ　重要度　要因の検討

木の種類：　分類木　　木の本数：　100　使う変数の数：　2　　木の最大深さ：　10
学習データの正答率　：　98.000　　OOBデータの誤り率　：　12.000　　剪定の有無：　無

		目的変数		説明変数			
No	サンプル名	分類結果	光沢ランク	設定温度	ブレ成膜	成膜ガス	添加ガス
1	s1	A	A	室温	あり	A社	あり
2	s2	A	A	100℃	なし	B社	なし
3	s3	B	B	100℃	あり	A社	なし
4	s4	B	B	室温	なし	A社	なし
5	s5	A	A	室温	あり	A社	あり
6	s6	B	B	100℃	なし	A社	なし
7	s7	A	A	室温	なし	B社	なし
8	s8	B	B	100℃	なし	A社	なし
9	s9	B	B	100℃	あり	B社	あり
10	s10	B	B	100℃	あり	A社	なし
11	s11	B	B	100℃	なし	A社	あり
12	s12	B	B	100℃	あり	B社	あり
13	s13	A	A	室温	なし	B社	あり
14	s14	A	A	室温	なし	B社	あり
15	s15	B	B	100℃	なし	B社	あり
16	s16	B	B	100℃	あり	A社	あり
17	s17	B	B	100℃	あり	A社	なし
18	s18	B	B	100℃	あり	B社	あり
19	s19	A	A	室温	あり	A社	あり
20	s20	A	A	室温	あり	B社	あり
21	s21	B	B	室温	あり	A社	なし
22	s22	A	A	室温	あり	B社	あり
23	s23	B	B	100℃	なし	B社	あり

図表 6.28　ランダム・フォレストの予測結果(学習データ)

データ　決定木　ランダム・フォレスト　モデル選択　予測

予測結果(学習データ)　誤判別表　重要度グラフ　重要度　要因の検討

木の種類：　分類木　　木の本数：　100　使う変数の数：　2　　木の最大深さ：　10
学習データの正答率　：　98.000　　OOBデータの誤り率　：　4.000　　剪定の有無：　無

			予測結果					
			A	B	合計	誤分類数	誤分類率(%)	再現率(%)
学習データ	実測結果	A	18	1	19	1	5.263	94.737
		B	0	31	31	0	0.000	100.000
		合計	18	32	50			
		誤分類数	0	1		1		
		誤分類率(%)	0.000	3.125			2.000	
		適合率(%)	100.000	96.875				98.000
OOBデータ	実測結果	A	17	2	19	2	10.526	89.474
		B	0	31	31	0	0.000	100.000
		合計	17	33	50			
		誤分類数	0	2		2		
		誤分類率(%)	0.000	6.061			4.000	
		適合率(%)	100.000	93.939				96.000

図表 6.29　ランダム・フォレストの誤判別表

なお，ランダムフォレストでは多様な決定木を作成するためのデータがランダムに復元抽出されるため，モデル作成に使われないデータが一定数存在する．そのデータを OOB(Out Of Bag の略)データとよび，未知のデータに対する予

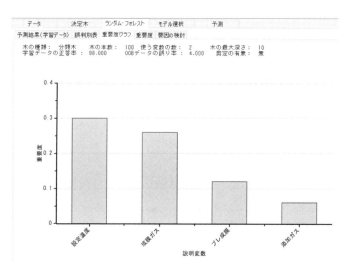

図表 6.30 ランダム・フォレストの重要度グラフ

測性能を評価したりするのに用いられる.

　変数の重要度は, 決定木のときと同様に［重要度グラフ］(**図表 6.30**)や［重要度］で確認でき, ランダムフォレストでも設定温度と成膜ガスの重要度が高いことがわかる. また, ［要因の検討］タブでは重要度が高い変数に注目して, ラベルで色分けしたグラフが表示される.

　［モデル選択］タブではランダムフォレストのパラメータであった木の数, 変数の数, 木の深さを変化させたときの誤答率がグラフ化されているので, 必要に応じて確認する. さらに, ［予測］のタブでは設定した成膜条件に対する光沢ランクの予測もできるので活用してほしい.

6.2.3　本節のまとめ

　本節では CAID, AID, ランダムフォレストを紹介した. 各手法は分類基準が異なり, CAID はチュプロウの T 値, AID は F 値, ランダムフォレストの元になる決定木はジニ係数を用いている. 基本的には分類基準が異なるだけなので, どれを使ってもよい. しかし, AID, ランダムフォレストの決定木は分

岐数が 2 で固定されている一方で，CAID だけは 3 分岐以上に対応しているため，解析上都合がよい場合は CAID を使うとよい．また，ランダムフォレストは多様な決定木を作成する段階で学習に使われていないデータを未知のデータと想定して識別性能(汎化能力)を評価することもできる．これは CAID や AID にはない強みである．

コラム 10　実践における信頼性データ解析(その 1)

　本コラムは筆者が，「第 2 回信頼性データ解析シンポジウム「真実」に迫るデータ解析(主催：日本科学技術研修所)」にて報告した内容であり，信頼性データ解析の実践に役立つので参考にしてほしい[2]．

　まず，故障のパターンについて述べたい．バスタブカーブは故障率の変化に応じて「初期故障期」「偶発故障期」「摩耗故障期」に分類される．今，手元にある故障データがどの故障型に該当するのかを判断したい．このとき，一般的に「ワイブル解析」が活用され，形状パラメータ m が $m < 1$ なら初期故障型(DFR 型)，$m = 1$ なら偶発故障型(CFR 型)，$m > 1$ なら摩耗故障型(IFR 型)と判断する(図表 J.1)．図表 J.1 のように，有効寿命となるのは $m = 1$ の偶発故障期である．設計者であれば自ら設計した製品について，「故障のパターンが有効寿命を示す $m = 1$ になっているのか」に興味をもつだろう．そのため，以下で「$m = 1$ ならば問題がないのか」を見ていこう．

　図表 J.2 の故障データに対してそれぞれワイブル解析をしたい．製品 A〜E にはすでに，それぞれ 10 個の耐久試験が行われ，故障に至る時間は短い順に並べられている．このときのワイブル解析は図表 J.3 となる．

　m の値を確認すると，製品 A〜E すべてについて $m = 1$ である．しかし，平均寿命である MTTF の欄や，10%点(全体の 10%が故障する時間，B10 ライフ)を見ると，製品 A と製品 E では約 30 倍も異なることが確認できる．

　もう一度バスタブカーブを見てほしい．$m = 1$ はバスタブカーブがフ

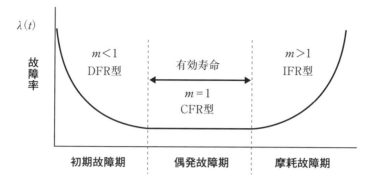

図表 J.1　バスタブカーブにおける故障のパターンと形状パラメータ

サンプル名	製品A	製品B	製品C	製品D	製品E
s1	6.97	34.84	69.68	139.36	209.04
s2	17.85	89.24	178.48	356.97	535.45
s3	30.06	150.29	300.59	601.17	901.76
s4	43.97	219.85	439.70	879.40	1319.09
s5	60.13	300.67	601.34	1202.68	1804.02
s6	79.42	397.12	794.24	1588.49	2382.73
s7	103.35	516.74	1033.47	2066.95	3100.42
s8	134.86	674.28	1348.55	2697.11	4045.66
s9	181.12	905.59	1811.18	3622.36	5433.53
s10	269.85	1349.24	2698.48	5396.96	8095.44
s11	-	-	-	-	-

図表 J.2　製品 A〜E の故障データ

ラットな部分であり「故障率が一定」という意味がある．つまり，故障率が 10％でも 0.001％でも一定であれば $m = 1$ になるのである．本コラムの ケースで故障率を求めてみると，故障率は $1 / \eta$ となる（$m = 1$ の場合，η は尺度パラメータ）ので，製品 A の故障率は $1 /100 = 0.01$，製品 E は $1/3000 = 0.0003$ となり，同じ「故障率一定」でも壊れにくさは全く違うこ とがわかる．

　このように「$m = 1$ だから問題ない」ではなく，必ず故障率や寿命が目 標を超えているのかも併せて確認してほしい．さらに重要なのは，壊れるメ

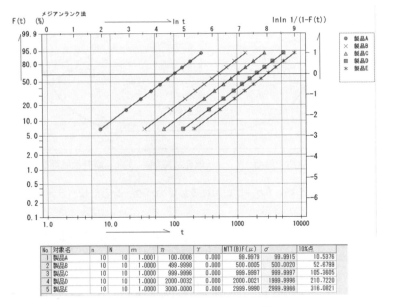

図表 J.3　図表 J.2 データのワイブル解析の結果

カニズムの解析である．故障データをただワイブル解析するのではなく，
「なぜ故障したか」を一つひとつの故障サンプルを確認しながら探究してほ
しい．また，もし違う故障メカニズムのサンプルがあれば，層別することも
検討したい．

コラム 11　実践における信頼性データ解析（その2）

　コラム 10 ではワイブル解析で故障パターンを知ることについて説明した．
ワイブル解析のもう1つの特徴は，時間経過とともにどれくらい故障するか
予想できることだろう．以下に予測の具体例を見ていく．
　市場から故障データが8件収集されたため，**図表 K.1** のようにワイブル
解析をした．ここから $t = 5000$ 時点での故障数を予測したいとする．ワイ

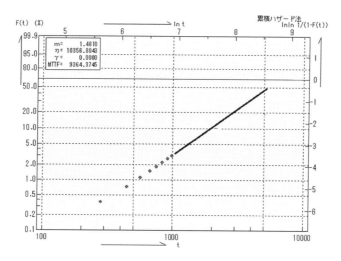

図表 K.1　故障データのワイブル解析の結果

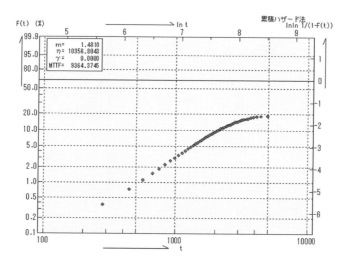

図表 K.2　*t* = 5000 時点でのワイブルプロット

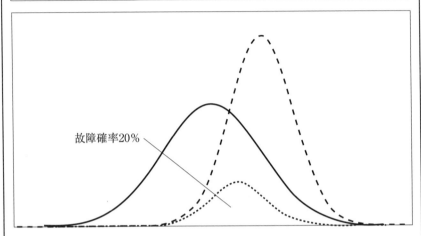

図表K.3 ストレス-ストレングスモデル

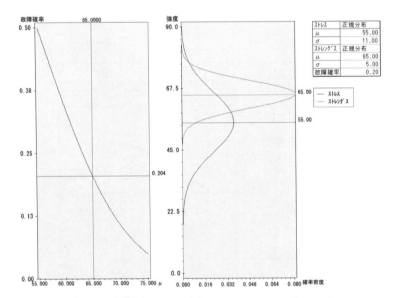

図表K.4 正規分布同士のストレス-ストレングスモデル

ブル解析は横軸が経過時間 t, 縦軸が不信頼度 F(全体のなかから故障してい
る割合)のため，ワイブルプロットに直線をあてはめ，予測したい $t = 5000$
時点の縦軸を読みとると，$F(t) = 50\%$ となった．この結果から，市場に
1,000 台ある場合，その 50% の 500 台が今後故障すると予測できた．

　これが通常のワイブル解析の予測方法であるが，実際にはこのような予測
結果にならないことも考えられる．本コラムの事例では，$t = 5000$ におけ
る実際のワイブルプロットは**図表 K.2** となり，F は 20% で飽和し，大幅に
予測結果を外してしまった．これは一体どういうことだろうか．

　実は，ワイブル解析は 100% 故障が前提の解析である．**図表 K.1** および
図表 K.2 の縦軸を見ればわかるように，一度プロットをすると必ず右上が
りの直線となるので，いつかは 99.9% 故障することになる．

　ここが重要なポイントである．そもそも設計者が製品を設計するときに，
市場からのストレス分布を考慮して，製品のストレングス分布を考えている

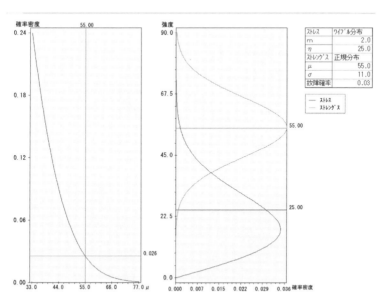

図表 K.5　ワイブル分布と正規分布のストレス-ストレングスモデル

のではなかろうか．例えば，想定しているストレスに耐え得るような製品を作っている以上，簡単に壊れないはずだが，市場から故障の報告があった場合，「なぜ壊れたのか」「想定したストレス分布以外のストレスがかかったか」など，そもそも故障した原因を究明すべきである．本コラムの事例で，20％で飽和した理由は，ストレングス分布が劣化したことにより，ストレス分布と 20％重なったためであった（**図表 K.3**）．

　このようにストレス–ストレングスモデルや故障メカニズムまで掘り下げることで真の信頼性データ解析に繋がっていく．**コラム 10** で扱った偶発故障型についても，「偶発的な故障，例えば窓ガラスに野球のボールや石が当たって割れたりするような故障原因なのか」を解明していくことが大切である．さらに，現物の故障モードと解析の結果が一致することが重要であるので，必ず現物確認をすべきである．

　なお，JUSE-StatWorks/V5 には，**図表 K.4 および図表 K.5** のようにストレス–ストレングスモデルを描き，故障確率を求めることができる．また，正規分布以外にも柔軟性の高いワイブル分布を使ってストレス–ストレングスモデルを描くことができるため，右裾を引いたようなストレス分布なども考慮できる．ぜひ活用してほしい．

第7章
外れ値検出

　本章では外れ値の検出について述べる．本章での外れ値の定義は，「解析の前処理で除去する平均値から大きく外れたデータというよりは，品質管理で工程の維持・管理のツールとして活用される管理図を用いて発見する異常（いつもと違う状態）を表す数値」とする．

　本章では特に，1変数に注目しても外れ値とわからず，変数を組み合せることで外れ値を発見するSQCの多変量管理図と機械学習の1クラスSVM（サポートベクターマシン）について説明する．

　簡単な例を挙げてみる．日本人男性の30歳代の平均身長，平均体重はおおよそ172cm，69kgである．ここで，180cm，55kgの男性がいたとすると，明らかに痩せすぎなのに，身長，体重それぞれのヒストグラムだけに注目すると痩せすぎという事実は発見しにくく，身長と体重の散布図など2変数を組み合せてやっと外れ値として発見することができる．本章で説明するのは，このような外れ値の検出についてである．

7.1　SQC ─多変量管理図（マハラノビス距離による外れ値検知）

　図表7.1（左）は，JUSE-StatWorks/V5のサンプルデータ「M05_0601_管理特性（多変量管理図）」で，管理特性1と管理特性2の50日分の午前，午後のデータである（$n = 100$）．標準空間は図表7.1（右）のように設定されている．なお，標準空間とは複数の管理特性がなす空間のなかで，偶然原因だけによる変動をもつデータが存在する領域をよぶ[6]．

　まず，管理特性1や2のヒストグラムを見て，外れ値の有無を確認する．多

	◆ S1	◆ N2	◆ N3
	日付	管理特性1	管理特性2
◆1	2/1AM	4.80	10.50
◆2	2/1PM	5.60	10.20
◆3	2/2AM	4.20	8.50
◆4	2/2PM	5.40	11.00
◆5	2/3AM	4.60	9.70
◆6	2/3PM	5.10	11.00
◆7	2/4AM	5.10	10.50
◆8	2/4PM	5.30	10.50
◆9	2/5AM	5.60	12.40
◆10	2/5PM	5.50	11.70
◆11	2/6AM	4.70	8.80
◆12	2/6PM	5.80	11.40
◆13	2/7AM	5.10	11.10
◆14	2/7PM	4.90	9.30
◆15	2/8AM	5.00	10.70
◆16	2/8PM	5.00	10.50
◆17	2/9AM	5.00	10.00

	◆ S1	◆ N2	◆ N3	◆ N4
	変数名	平均	標準偏差	相関係数
◆1	管理特性1	4.934	0.4729	0.721
◆2	管理特性2	9.981	1.0161	-
◆3				
◆4				
◆5				

図表7.1　多変量管理図(2変量管理図)データ

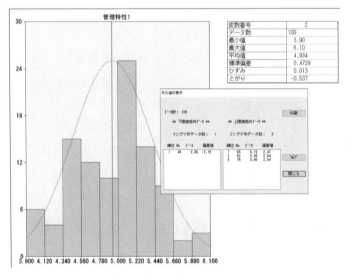

図表7.2　ヒストグラムと外れ値表示(管理特性1)

変量連関図からヒストグラムを拡大表示させて，メニューボタンの［外れ値］をクリックすると**図表7.2**のような平均値±2σより外のデータが外れ値としていくつか表示される．このように管理特性1，2ともに，1変数に注目した場合，以下のように数個の外れ値があることを確認できた．

- 管理特性1の外れ値:No.49, 62, 65, 75
- 管理特性2の外れ値:No.9, 34, 75, 96

なお,実践では,これらの外れ値について「本当に異常で,解析から外すべきなのか」を十分に吟味していく必要がある.

次に,本章冒頭の身長と体重の例のように,組合せの外れ値があるのか解析する.メニューから[手法選択]—[工程分析]—[多変量管理図]をクリックすると,表示される[機能の選択]ダイアログで,[2変量管理図]をクリックする.その後,表示される[2変量管理図の変数指定]のダイアログで,特性値(X軸)に管理特性1,特性値(Y軸)に管理特性2を選択し次へ進むと[標準空間の設定]のダイアログが表示される.このとき,[標準空間の設定をおこなう]を選択し,**図表7.1**(右)のそれぞれの管理特性の平均,標準偏差と2つの管理特性の相関係数を入力する(**図表7.3**).入力後に[OK]をクリックすると,2変量管理図が表示されるが,管理限界はデフォルトのカイ二乗分布の上側0.27%点となり,1変数の3σに相当している.そこで,**図表7.2**と同じ基準である1変数の2σに相当するように管理限界をあわせるため,メニューボタンにある[オプション]から管理限界の指定されたパーセント点に対するカイ二乗分布の上側パーセント点を選択し,1変数の2σ相当となる4.56を入力する.そして,[OK]をクリックすると**図表7.4**の2変量管理図が表示される.

図表7.3 標準空間の設定

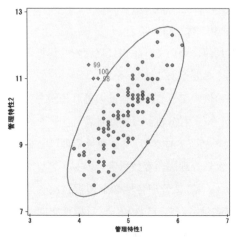

項目	横軸	縦軸
変数番号	2	3
変数名	管理特性1	管理特性2
データ数	100	100
最小値	3.90	7.80
最大値	6.10	12.40
平均値	4.934	9.981
標準偏差	0.4729	1.0161
相関係数	0.721	
平均値：標準²	4.934	9.981
標準偏差：標²	0.4729	1.0161
相関係数：標²	0.721	

図表7.4　2変量管理図

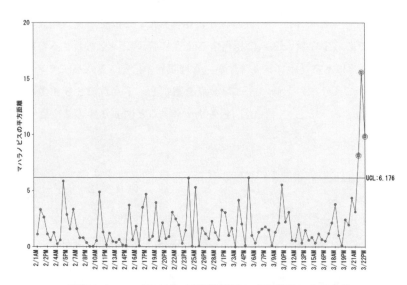

図表7.5　マハラノビスの平方距離の時間経過による変化

　これより，管理限界が楕円として表示され，この線の外側となった以下3つのサンプルが外れ値として表示される．

- 多変量管理図での外れ値：No.98，99，100

　外れ値として表示された3つのサンプルはいずれも，1変量のヒストグラムでは検出できず，多変量管理図で初めて検出できる組合せの外れ値であるとわかる．また，メニューボタンの［D^2管理図］ではマハラノビスの平方距離の時間経過による値の変化を知ることができる（**図表7.5**）．これより，直近の3つのサンプル（No.98，99，100）でマハラノビスの平方距離が大きくなっていることも確認できた．

7.2　機械学習—1クラスSVM（カーネル法による外れ値検知）

　前節では，多変量管理図による組合せの外れ値を発見する手法を紹介した．次に機械学習の1クラスSVMを紹介する．これは，「複数の説明変数が与えられたとき，それらを学習データとし，カーネル法によって高次元特徴量空間に写像することで，学習データから外れた位置にあるデータを外れ値と検知する手法」である．1クラスSVMでは，学習データにもとづいて正常群の判別境界を引き，そこから外れたものを外れ値とする．このとき，判別境界を外れる割合を表す［偽陽性（%）］を指定する必要がある．

　図表7.1のデータに対して1クラスSVMで解析してみる．まず，メニューの［手法選択］—［機械学習］—［1クラスSVM］をクリックする．表示される［変数選択］のダイアログで解析対象に管理特性1，2を選択して次へ進んだら［データ］タブから［1変量グラフ］［多変量連関図］［基本統計量］などでデータに問題がないことを確認して［カーネル関数］のタブに移動する．すると，［モデル選択］のダイアログが表示されるので，モデルやカーネル関数を選択する（**図表7.6**）．本節の事例では，デフォルトの1クラスSVMの偽陽性（%）を5%，カーネル関数はガウスカーネルのままとして，［OK］をクリッ

図表 7.6　モデル選択のダイアログ

図表 7.7　1 クラス SVM の解析結果

クすると**図表 7.7** の解析結果が表示される.

　図表 7.7 では「偽陽性(％)」と「誤分類率(％)」を主に確認する. すると, 偽陽性 5 ％(**図表 7.6** で指定した値)に対して誤分類率は 4 ％と概ね近い値となったため, このまま解析を進める. もし「偽陽性(％)」と「誤分類率(％)」の差が大きい場合は, 外れ値の検出がうまくいかなかった(設定したカーネルパラメータの値では偽陽性(％)となる識別超平面を構成できなかった)ことを表すため, **図表 7.6** にあるカーネルパラメータの値を変更し, 「偽陽性(％)」

と「誤分類率(%)」の差が小さくなるように設定する.

　次に，［モデル評価］のタブをクリックすると，異常（誤分類）と検出された4つのサンプルが表示される（図は省略）．他にもサポートベクターとなったサンプルの数である「SV数」やその割合の「SV率」が表示される．一般的に「SV率」が低いほうが汎化能力は高いとされているが，これ以上低くすべきという指標は今のところないため，参考程度とする.

・1クラスSVMで検出された外れ値：No.2，20，70，99

　次に，［確定モデル］のタブから［サポートベクター］をクリックすると，図表7.8(左)のような識別超平面を構成するすべてのサポートベクターが表示される．さらに，［分類境界グラフ］をクリックすると，図表7.8(右)に示す散布図上で境界線の様子が確認できる．多変量管理図ではマハラノビス距離のため判別境界は楕円であったが，1クラスSVMではかなり複雑な形状となることがわかる.

　参考までに「偽陽性(%)」の設定を31.7%（1σ相当），5%，0.3%とし，カーネルパラメータの値を0.5，1，10に設定したときの分類境界グラフと「誤分類率(%)」を図表7.9に示す．図表7.9では「偽陽性(%)」と「誤分類率(%)」の差が2%以上のものを着色しているが，半分ほどが設定した偽陽性(%)どおりの外れ値検出ができていないことがわかる．また，カーネルパラ

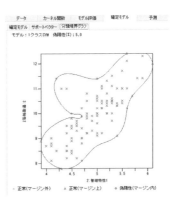

図表7.8　サポートベクターと分類境界グラフ

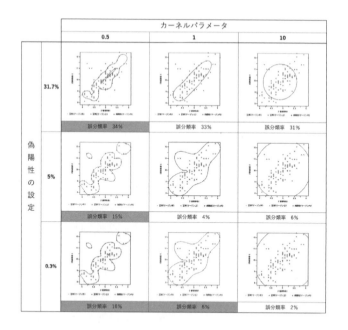

図表7.9 偽陽性とカーネルパラメータによる分類境界グラフの変化

メータの値が小さいとかなり複雑な分類境界となり，値が大きくなるにつれて
楕円のようになることも確認できる．

　このように，1クラスSVMでは偽陽性（％）を設定し，カーネルの種類や
カーネルパラメータの値を調整しながら外れ値を検知していく．当然のことで
あるが，1クラスSVMで検出されたから即異常と判断するのではなく，「な
ぜこれがカーネル法で高次元特徴量空間に写像することで外れ値と判定された
のか」を十分に検討してから，「削除するのか，残すのか」を判断する必要が
ある．また，カーネルパラメータの値を変更することで検出される点が変化す
ることもある．こうした理由から1クラスSVMを使うときには細心の注意が
必要である．

7.3 本章のまとめ

ものづくりによく見られる正規分布に対して外れ値検出を行うのであれば，まずは多変量管理図や MT 法(基本原理としては両者は同じ)で解析し，マハラノビス距離で外れ値を発見すればよく，結果も解釈しやすい.

一方，1 クラス SVM は偽陽性(%)の設定が必要で，ガウスカーネルの場合はカーネルパラメータの値によっても検出される点が異なる. そもそも，「分析対象データ＝標準空間」とし，データの外側 α%(α は任意)は外れ値とする考え方のため，それらを留意して使う手法となる. また，前述のとおり 1 クラス SVM で検出されても，すぐに異常だと鵜呑みにせず，「なぜ高次元特徴量空間に写像することで外れ値と判定されたのか」「本当に外れ値として扱うべきか」を十分に吟味することが大切である.

コラム12 調査に必要なサンプルサイズ

実践支援では「どれくらいの数を調査すべきか」というサンプルサイズに関する相談はよくある. 本コラムでは，特に相談が多い「①アンケート」「②工程能力指数算出」「③従っている分布の決定」に必要なサンプルサイズについて紹介していく.

まず，「①アンケート」の調査人数だが，例えば「新製品を購入した 10 万人を対象に満足度調査を実施したい. 500 人分の予算しかないが，もう 500 人追加して 1000 人調査したいという意見が出ている. しかし，本当に追加する必要があるのだろうか？」という相談があったとする. この場合，どのように回答すればよいだろうか？

調査人数を決める式として，一般的には次が使われている.

$$n = \frac{N}{\left(\dfrac{\varepsilon}{K(\alpha)}\right)^2 \dfrac{N-1}{P(1-P)} + 1}$$

今回のケースで算出すると以下のようになり，500 人以下となるから，「予算の追加は必要ない」と回答する．

$$n = \frac{100000}{\left(\dfrac{0.05}{1.96}\right)^2 \dfrac{100000-1}{0.5(1-0.5)} + 1} = 383$$

なお，上式の α は「1 − 信頼度」を表し，一般的に信頼度は 95 ％なので $\alpha = 5$ ％となり $K(\alpha) = 1.96$ となる．このとき，ε は調査結果の誤差の幅（± 5 ％），N は調査の対象数（10 万），P は調査対象の実際の比率（想定できない場合は 0.5）である．この想定は，調査数が過少となることを防ぐためのものである．

もし，購入者が 10 万人ではなく 100 万人と 10 倍となったら，調査人数は383 人からどれくらい増加するであろうか？　先の式で計算すると，384 人とたった 1 名増にしかならない．**図表 L.1** のように，必要な調査人数はだいたい 400 人弱で飽和してくることがわかる．

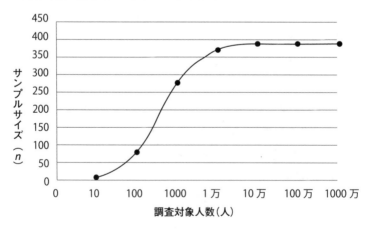

図表 L.1　調査対象人数に必要なサンプルサイズ

　また，調査人数が決まったとしても，調査の目的は全体の姿（母集団）を推定することなので，調査サンプルは偏りがないように選ぶ必要がある．つまり，男女の比率や年代別比率などが母集団の分布に近いサンプリングにする工夫が必要となる．

　次に，「②工程能力指数」を求めるのに，どれくらいのサンプルサイズが必要かを考える．このとき，小さいサンプルサイズで C_p を求め，$C_p = 1.33$ より大きな値となっても，信頼区間を算出すると，1.33 以下となる可能性もあるので，ある程度大きいサンプルサイズで算出し，信頼区間も安定した領域を使いたい．

　図表 L.2 は信頼区間の算出式と，その式を使ったときの $C_p = 1.33$ における，サンプルサイズと 95％信頼区間のグラフとなる．**図表 L.2** は，サンプルサイズ 15 で $C_p = 1.33$ となったとしても，95％信頼区間を計算すると，0.84〜1.82 となる．筆者は，このような信頼区間を算出するのを推奨するものの，「シンプルにサンプルサイズはいくつ必要か？」という問いがあれば 30 と回答する．つまり，「**図表 L.2** より信頼区間の幅が安定しはじめるサンプルサイズ 30 で C_p を計算し，その信頼区間の下限を見て，$C_p > 1.33$

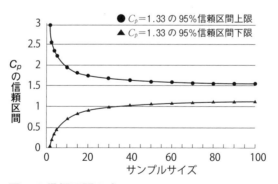

■C_p の信頼区間の式

$$\widehat{C_p}\sqrt{\frac{\chi^2(\phi,\ 0.975)}{\phi}} \leqq C_p \leqq \widehat{C_p}\sqrt{\frac{\chi^2(\phi,\ 0.025)}{\phi}}$$

図表 L.2　サンプルサイズと $C_p = 1.33$ の信頼区間

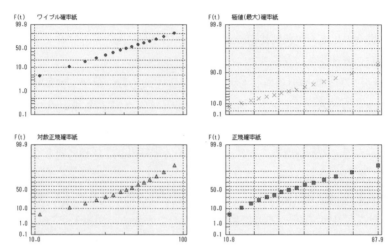

図表 L.3　確率紙へのプロット（サンプルサイズ 15）

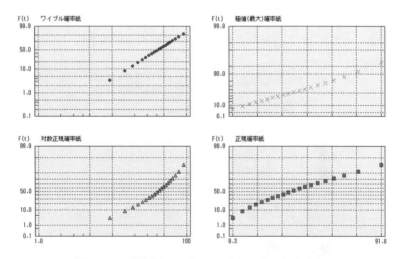

図表 L.4　確率紙へのプロット（サンプルサイズ 20）

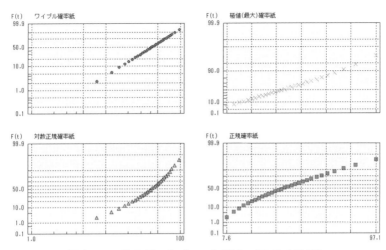

図表 L.5 確率紙へのプロット (サンプルサイズ 30)

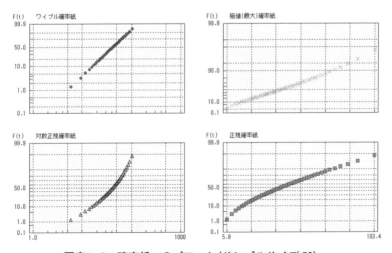

図表 L.6 確率紙へのプロット (サンプルサイズ 50)

ならば工程能力は十分である」と判断する.

最後に,「③従っている分布の決定」に必要なサンプルサイズを考える. コラム 11 でも扱った信頼性データ解析において,「故障データやストレス, ストレングスがどのような分布に従うか」を決めるのに,一般的には各分布 の確率紙(JUSE-StatWorks/V5 ではワイブル分布,正規分布,対数正規分 布,極値分布の確率紙がある)にデータをプロットして最も直線に乗ってい る確率紙で分布を決定していく.しかし,そのためにはどれくらいサンプル サイズが必要だろうか.もちろん最もよい方法は,分布に関する過去の知見, 書籍,論文等さらには技術的知見から決定することだが,おおよその目安は ある.

例えば,図表 L.3~図表 L.6 はワイブル分布($m = 2$,$\eta = 50$)に従った 分布であり,サンプルサイズを 15,20,30,50 に増やした場合の確率紙へ のプロットとなる.

この例では,サンプルサイズ 15 が 4 つの分布すべてが直線に乗っている ように見えるので,分布の決定は難しそうである.サンプルサイズが 30 も あれば,ワイブル分布と極値(最大)分布に絞られる.ここまでくれば,あと は原理原則から最弱部位が壊れているならワイブル分布を,ボイドの最大箇 所が故障するような故障要因であれば極値(最大)分布を選ぶだけである.こ のような理由から,分布を決定するにはサンプルサイズ 30 くらいを目安に したい.

第8章
相関分析

　グラフィカルモデリング(以下, GM とよぶ)は偏相関係数を用いて, 既存データから探索的に変数間の関係性を分析し, その関係性の強さを線でモデル化する手法である. 例えば, 製造工程において知見が明確になっていない工程間の関係性を導き出すことなどに使われる. GM によって変数間の関係性を解釈できるため, 見せかけの相関(擬似相関)を発見したり, 重回帰分析の結果を適切に解釈することができる.

　ただし, GM では説明変数間に強い相関関係や線形制約などがあると多重共線性が発生するため, 偏相関係数が不安定になったり, 係数が求められないこともある. この欠点を正則化で回避する手法が glasso である. ビッグデータになると解析対象の変数が膨大になり, 説明変数間に予想していなかった線形制約が発生する場合などに glasso は有効である.

8.1　SQC ─グラフィカルモデリング

　図表 8.1 は, あるライン作業に従事する作業者 20 名の「入社年数」「作業の習熟度」「作業訓練テストの俊敏性(1 分間にどれだけ組みつけられるか)」を示すデータである.

　この 3 つの変数の相関の強さを確認するため, まずメニューの[手法選択]─[基本解析]─[多変量連関図]から, すべての量的変数(N2〜N4)を解析対象に選択し次へ進むと, 多変量連関図が表示される(なお, C5 は N2 を質的変数に属性を変更したもので, 後ほど, **図表 8.4** で使用する変数である). このなかで, 「習熟度」と「俊敏性」の散布図が**図表 8.2**である.

	● S1	● N2	● N3	● N4	● C5
	サンプル名	入社年数	習熟度	俊敏性	入社年数
● 1	s1	5	7	85	5
● 2	s2	5	8	82	5
● 3	s3	5	5	79	5
● 4	s4	5	8	81	5
● 5	s5	5	10	80	5
● 6	s6	10	12	78	10
● 7	s7	10	11	75	10
● 8	s8	10	12	79	10
● 9	s9	10	15	76	10
● 10	s10	10	12	75	10
● 11	s11	15	18	75	15
● 12	s12	15	19	69	15
● 13	s13	15	16	70	15
● 14	s14	15	14	71	15
● 15	s15	15	15	73	15
● 16	s16	20	18	67	20
● 17	s17	20	20	72	20
● 18	s18	20	21	66	20
● 19	s19	20	20	70	20
● 20	s20	20	22	67	20

図表8.1 習熟度と俊敏性のデータ

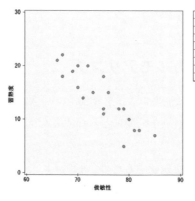

項目	横軸	縦軸
変数番号	4	3
変数名	俊敏性	習熟度
データ数	20	20
最小値	66	5
最大値	85	22
平均値	74.5	14.1
標準偏差	5.48	5.08
相関係数	-0.881	

図表8.2 習熟度と俊敏性の散布図

8.1.1 偏相関係数の算出

　図表8.2より，「習熟度」と「俊敏性」の相関係数は −0.881 と，強い負の相関関係（俊敏性が上がるほど習熟度が下がる関係）があるとわかる．もしこのとき，習熟度を上げたい場合には，あえて作業訓練テストで手を抜いて俊敏性を下げればよいだろうか．当然，常識的にこの論理はおかしいとすぐに理解できるだろう．ではなぜ，このような強い負の相関が観察されたのか．その理由は，2つの変数に「入社年数」が影響したからである．つまり，「入社年数」が「習熟度」と「俊敏性」それぞれに強い相関関係（つまり，入社年数が長いほど習熟度が向上する一方で，年もとるので俊敏性は衰える）があるため，その結果として「習熟度」と「俊敏性」の間に見せかけの強い相関関係が生じたのである．

　このような例は他にも，「チョコレートの消費量が増えると，ノーベル賞受賞人数が増える」「おでんの売上が増えると，インフルエンザの人数が増える」などがある．前者では背後にGDPが影響しており，後者では気温が影響している．このような見せかけの相関を擬似相関というが，擬似相関があるかどうかは基本統計量の偏相関係数で確認できる．

　偏相関係数を求めるためには，まずメニューの［基本解析］—［統計量／相関係数］から，3つの量的変数を解析対象として次へ進む．そして，［相関係数行列］のタブをクリックし，さらにメニューボタンの［偏相関係数行列］をクリックすると表示される（図表8.3）.

　これより「習熟度」と「俊敏性」の偏相関係数は −0.071 と，ほぼ相関関係がないことが確認できる．偏相関係数は，背後にある変数を固定した場合の相関関係ともいえる．本節の事例でいえば，「入社年度」を固定したので，「習熟

No	変数名	入社年数	習熟度	俊敏性
2	入社年数	-1.0	0.738+	-0.567
3	習熟度	0.738+	-1.0	-0.071
4	俊敏性	-0.567	-0.071	-1.0

サンプル数: 20　+: |0.6|以上　++: |0.8|以上

図表8.3　偏相関係数行列

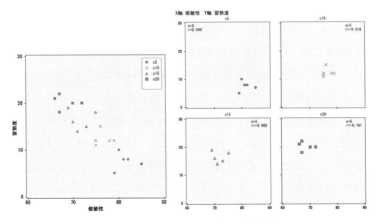

図表 8.4 入社年数ごとの散布図

度」と「俊敏性」には相関関係がないことを意味している. これらを確認する
ため, 多変量連関図から「習熟度」と「俊敏性」の散布図を拡大表示する(**図
表 8.4**).

　メニューボタンの［層別］から［入社年数］(N2 の入社年数を質的変数とし
た)を選択すると, **図表 8.4**(左)のように入社年数ごとに層別された散布図と
なる. さらに, メニューボタンの［層ごとの散布図］をクリックすると**図表
8.4**(右)となる. こうして, 入社年数ごとの相関係数は 5 年目からそれぞれ,
0.048, − 0.018, − 0.060, − 0.161 と確かに相関関係がほぼないことが確認
できた.

　以上, 偏相関係数について述べてきたが, 本章の冒頭で述べたように, GM
では偏相関係数を用いて変数間の関係性をグラフ化することができる. 偏相関
の強さが統計的に有意でなければ線を切断することで変数間の関連性をよりシ
ンプルにモデル化することが可能である.

8.1.2 GM による解析

　それでは, GM にて**図表 8.1**のデータを解析してみる. まず, メニューから

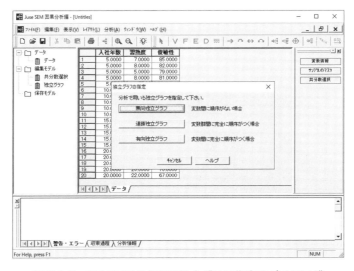

図表8.5　SEM 因果分析編の独立グラフ指定のダイアログ

［手法選択］—［多変量解析］—［GM（グラフィカルモデリング）］を選択する．
表示される［分析データの選択］ダイアログで［ワークシート上のデータを分
析］をクリックし，［データ形式の指定］ダイアログでデフォルトのまま
［OK］をクリックする．そして，画面右の［共分散選択］をクリックすれば
図表8.5 となる．

　次に，［独立グラフの指定］ダイアログで［無向独立グラフ］をクリックす
ると［変数の指定］ダイアログとなるので，3つの変数を使用する変数として
指定する．すると，3つの変数が行列形式で表示され，「下三角：偏相関係数」
が出力される（**図表8.6**）．

　図表8.6 では，「習熟度」と「俊敏性」の偏相関係数 − 0.07145 が着色され
ているが，これは一番小さい偏相関係数であることを示す．この偏相関係数が
一番小さい2つの変数間の線を統計的に切断するか判断していく．本節の事例
では，右メニューの［逐次自動切断］を選択すると，［自動切断基準値］のダ
イアログが表示されるので，0.2 を入力する（**図表8.7**）．ちなみに，0.2 の理
由は，一般的に切断基準値として 0.2〜0.3 が使われるからである．入力後，

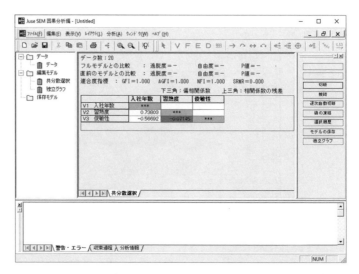

図表 8.6　偏相関係数の一覧画面

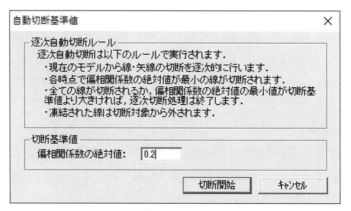

図表 8.7　自動切断基準値のダイアログ

［切断開始］をクリックすると逐次自動切断が終了するので［OK］をクリックする.

　すると，自動切断結果が表示される（**図表 8.8**）．このとき，「習熟度」と「俊敏性」の偏相関係数が 0.000 となって切断され，さらに［習熟度］―［入社

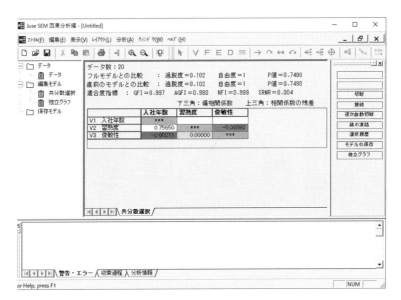

図表 8.8　逐次自動切断の結果

年数]，[俊敏性]—[入社年数]の偏相関係数もそれぞれ計算し直される.

　図表 8.8 には「習熟度」と「俊敏性」が切断されたモデルの良し悪しを評価する指標である AGFI や SRMR も表示されている. モデルが良いと評価される一般的な基準は AGFI 0.95 以上，SRMR 0.05 未満だが，図表 8.8 はいずれも満しているので，本節の事例では「習熟度」と「俊敏性」を切断したモデルは妥当であると判断できる. また，図表 8.8 の右にある［独立グラフ］をクリックすると，図表 8.9 のようにグラフ化することもできる.

　今回の解析では，変数間に順序がないため，無向独立グラフを選択したが，変数群間に完全に順序がつく場合は［連鎖独立グラフ］を，変数間に完全に順序がつく場合は［有向独立グラフ］を選択(図表 8.5 参照)し，変数間の関係性を探索的に見つけていくことになる. これらの詳細は山口ら[7]を参考にしてほしい.

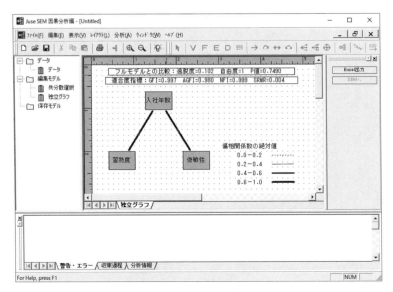

図表 8.9 　無向独立グラフ

8.1.3 GM による解析(偏相関係数算出が難しいとき)

　このように，変数間の関係性をグラフ化する GM であるが，変数間に強い相関関係や線形制約があるなど多重共線性が発生する状況では，偏相関係数を計算することが難しくなる．例えば，**図表 5.8** の引張強度(10 変数)のデータを GM で解析してみる．

　前項と同様の手順で GM の分析を進める．まず，JUSE-StatWorks/V5 SEM 因果分析編の画面では共分散選択では［無向独立グラフ］をクリックし，［すべての変数を分析で使用する］に指定して［OK］をクリックすると，「偏相関係数行列を求めることができません」と**図表 8.10** のように表示され，これ以上，分析を進めることができなくなる．多重共線性の原因となる変数を取り除けば偏相関係数行列は求められ，分析を進めることはできるが，固有技術などの知見が少ない場合は取り除くこともなかなか難しい．ましてや，変数が膨大にあるとさらに困難であることが予想できる．ちなみに，このデータには

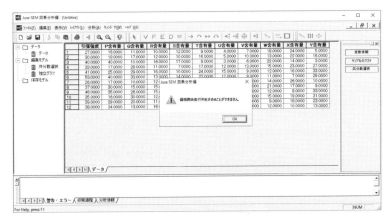

図表 8.10　偏相関係数が求まらないエラー画面

「T 含有量 + U 含有量 + V 含有量 = Y 含有量 + 15」という線形制約があるた
め，偏相関係数を計算することができなかった．線形制約を統計解析だけで見
つけることは困難なため，固有技術などにもとづいてこのような関係性を紐解
いていくことが必要となる．

8.2　機械学習— glasso

　前節で説明したとおり，GM では，説明変数間に線形制約があると，偏相関係
数が求められず，解析することができない．このような多重共線性が発生するよ
うな場合は，偏相関係数が不安定(固有技術と符号の向きが逆など)，もしくは係
数を求められないことがある．この欠点を正則化で回避する手法が glasso となる．
　8.1.3項で解析できなかった**図表5.8**の引張強度(10 変数)のデータを glasso
で解析してみる．まず，メニューから［手法選択］―［機械学習］―［glasso］を
クリックすると，［変数選択］のダイアログが表示されるので，すべての変数
を解析対象に選択して次へ進む．表示される［データ］のタブでは［ヒストグ
ラム一覧］や［散布図行列］，［基本統計量］などが確認できるため，これまで
同様にデータに問題がないか確認する．その後，［モデル］のタブをクリック

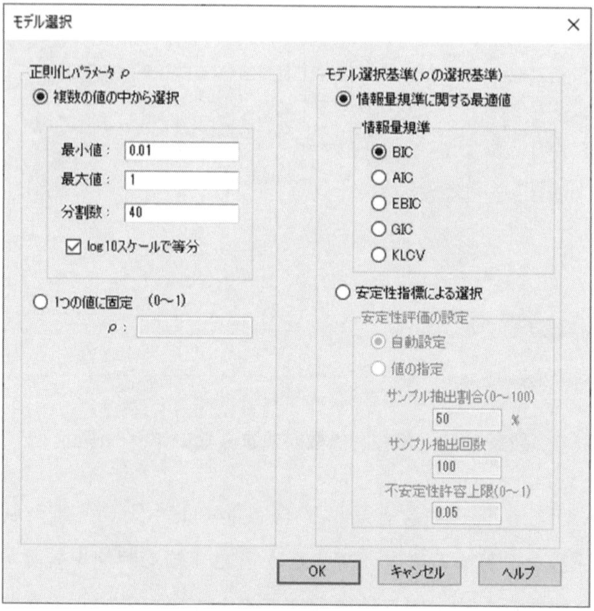

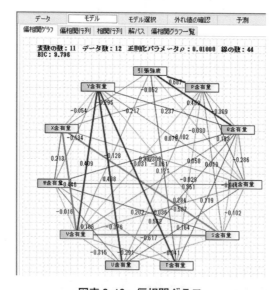

図表 8.11 モデル選択のダイアログ

図表 8.12 偏相関グラフ

し，表示される［モデル選択］のダイアログ(**図表8.11**)にて正則化パラメータ ρ の探索範囲および ρ の選択基準を設定するが，ここではデフォルトのまま［OK］をクリックする．すると，**図表8.12** に示す偏相関グラフが表示され，変数間の偏相関係数がグラフ化される．

　本節で，正則化パラメータ ρ が0.01 となるのは**図表8.11** で指定した条件で最適と判断された値となっているからである．このように，正則化パラメータ ρ は最適と判断されてはいるが，ρ を変化させたときの偏相関係数の値や，偏相関のグラフの数を確認したければ，［解パス］のタブをクリックすることで，その推移を確認することができる(**図表8.13**)．

　図表8.13 より，正則化パラメータ ρ を大きくするにつれて，グラフの線の

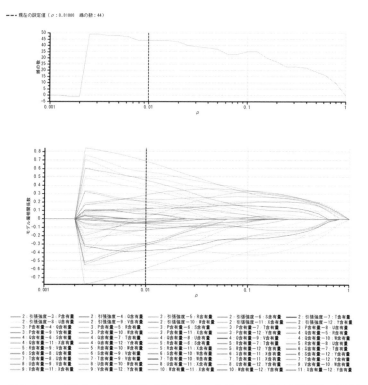

図表8.13　解パス図(正則化パラメータ ρ と線の数、偏相関係数の推移)

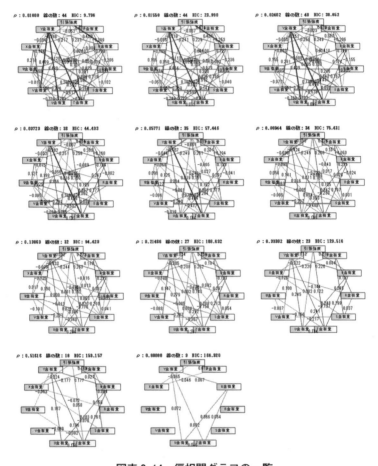

図表 8.14　偏相関グラフの一覧

数が少なくなり，シンプルなモデルになっていく様子が確認できる．本節の事
例では，最適と判断された ρ =0.01 での線の数は 44 と多く，解パス図上で正
則化パラメータ ρ を変化させたときの線の数や偏相関係数の具体的な数値を確
認する必要がある．しかし，**図表 8.13** の画面では難しい．

　そこで，［偏相関グラフ一覧］タブに移動する（**図表 8.14**）．この画面では正
則化パラメータ ρ に対応した偏相関グラフが確認でき，もっとも大きな ρ =

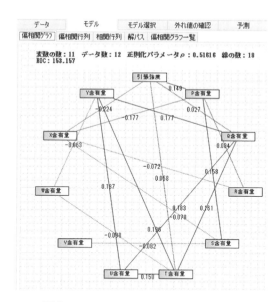

図表8.15　ρ=0.51616の偏相関グラフ

0.8で線の数が9本とかなりシンプルなモデルとなっている.

図表8.14の偏相関グラフは,予測を目的とした重回帰分析や正則化回帰の予備解析として活用するのがよい.具体的には引張強度を予測したければ,ρ = 0.51616あたりの偏相関グラフを選択し拡大する(**図表8.15**).ここから引張強度に効いている変数を確認し,固有技術で解釈できるかどうかなどを検討して,変数の絞り込みに活かせばよい.特に,引張強度に強い偏相関があり,かつ他の変数とは弱い偏相関である説明変数を発見できれば,固有技術と合致した予測式作成に繋げることができる.

なお,5.3節で紹介したように偏相関係数は正則化によって縮小されているので,その解釈には注意が必要となる.

8.3　本章のまとめ

変数間の相関を求めるにはSQCのグラフィカルモデリング(GM)でまず解

析するのがよい．さらによいやり方は，JUSE-StatWorks/V5 にはメニューの [基本解析]―[モニタリング] に相関係数行列を可視化する機能で，最初に変数間の相関関係について把握しておくことである．つまり，まず相関係数行列で全体を把握し(擬似相関も含まれることを注意しながら)，次にグラフィカルモデリングにて偏相関の関係を把握していく．ここで，相関係数の高い組合せが多く存在する，もしくは変数間に線形制約に近い状態がある場合には，偏相関係数も安定しない可能性があるため，さらに glasso で解析し，「GM と同じような変数が取り込まれるか」「固有技術と符号の向きが同じか」を確認していけばよい．これにより変数間の適切な関係性を確認することができる．

　また，GM や glasso では目的変数に強い偏相関があり，かつ他の変数とは弱い偏相関である説明変数を発見することができる．そのため，予測や要因解析が目的であれば，そのような説明変数を抽出して重回帰分析や正則化回帰分析で予測式を作成すると，他の変数に影響されにくい(説明変数間が独立に近い)ロバストな予測式となるので推奨したい．

8.4　補足― glasso での外れ値の確認

　glasso は正則化パラメータ ρ を決定すると，変数やサンプルの外れ値を確認することができる．図表 8.15 から [外れ値の確認] タブをクリックすると，正則化パラメータ $\rho = 0.51616$ に対して得られる相関係数行列から算出したマハラノビス距離とサンプル異常度が図表 8.16 のように表示される．さらに，

sNo	サンプル名	マハラノビス距離	引張強度	P含有量	Q含有量	R含有量	S含有量	T含有量	U含有量	V含有量	W含有量	X含有量	Y含有量
1	s1	6.360	1.224	1.224	1.122	1.720	1.153	1.127	1.144	1.493	1.287	1.185	1.187
2	s2	2.008	1.216	1.171	1.056	1.105	1.118	1.072	1.277	1.189	1.176	1.119	1.041
3	s3	9.765	1.096	1.425	1.155	1.542	1.707	1.101	1.224	1.724	-2.139	1.067	1.228
4	s4	4.092	1.092	1.155	1.225	1.305	1.456	1.061	1.115	1.020	1.131	1.168	1.096
5	s5	4.050	1.136	1.102	1.095	1.691	1.178	1.206	1.300	1.139	1.192	1.065	1.140
6	s6	6.769	1.029	1.299	1.444	1.186	1.164	1.127	1.054	1.128	1.303	1.045	1.054
7	s7	7.018	1.370	1.083	1.205	1.168	2.033	1.190	1.429	1.150	1.295	1.074	1.055
8	s8	3.995	1.076	1.099	1.066	1.327	1.145	1.165	1.050	1.465	1.911	1.074	1.252
9	s9	5.612	1.229	1.191	1.055	1.250	1.103	1.103	1.064	1.053	1.146	1.065	1.117
10	s10	3.234	1.081	1.991	1.190	1.190	1.110	1.070	1.359	1.493	1.792	1.092	1.098
11	s11	3.304	1.093	1.110	1.002	1.508	1.105	1.109	1.096	1.493	1.792	1.092	1.098
12	s12	3.819	1.091	1.111	1.150	1.540	1.395	1.110	1.002	1.164	1.819	1.312	1.056

図表 8.16　外れ値の確認　サンプル異常度(ρ=0.51616)

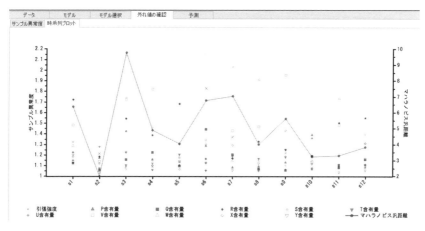

図表 8.17　外れ値の確認　時系列プロット（ρ=0.51616）

［時系列プロット］のタブではそれらが**図表8.17**に示すように可視化されるため，異常度の高い変数やサンプルが確認しやすくなる.

　なお，**7.1 節**でもマハラノビス距離での外れ値検出を扱っているが，相関係数の絶対値が1に近かったり，変数間に線形制約があったりすると，マハラノビス距離が求まらず解析できない．このような状況において，glasso で正則化を使うことで，サンプルや変数の異常度を求めることが可能となる.

8.5　補足—glasso での新たなサンプルデータにおける異常度の予測

　さらに，glasso で正則化パラメータ ρ を決定すると，新たに取得したサンプルデータに対して，学習データの偏相関グラフとの比較やサンプル異常度を確認することができる．ここで，**図表8.18**のように［予測］タブに移動し，新たに5つのサンプルが取得できたとして［予測データ］にデータを入力してみよう.

　次に，［偏相関グラフ］をクリックすると，**図表8.19**のように「学習データの偏相関グラフ」と「新しいデータの偏相関グラフ」を比較することができる.

図表 8.18 新たに取得した 5 つのデータ

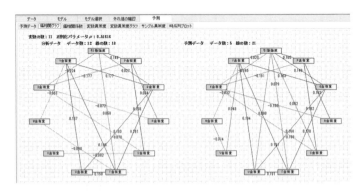

図表 8.19 学習データ (左) および新規データ (右) の偏相関グラフ

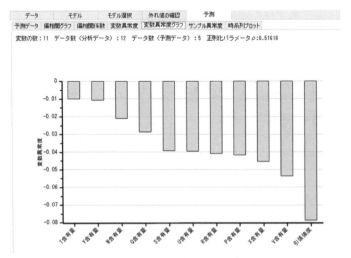

図表 8.20 新しいデータにおける変数異常度グラフ (ρ =0.51616)

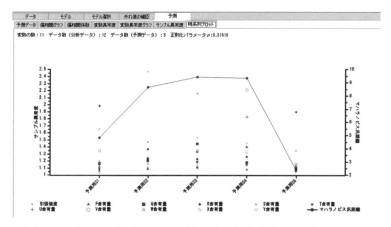

図表8.21　新しいデータにおける外れ値の時系列プロット（ρ=0.51616）

本節の事例では，サンプルサイズも小さく，参考程度となるが，学習データにはない偏相関関係が新しいデータの偏相関グラフでいくつか確認できる．

さらに，**図表8.20**の「変数異常度グラフ」や，サンプル異常度をグラフ化した**図表8.21**の「時系列プロット」などによって，新しく取得したサンプルデータの異常度を確認できる．ちなみに，**図表8.20**の変数異常度グラフでは値が正の場合に異常度ありと判断する．本節の事例では，すべて負の値となるため，新たに取得したサンプルデータの変数に異常は見られないといえる．

コラム13　ものづくりにおける感性評価

　（自動車などの）ものづくりにおける感性評価は，お客様に安心して乗っていただくため，感動を与えるため，お客様の立場・目線での商品性（異音，見栄え，操作性など）を確認するためなど，機能・性能の商品開発には必要な考え方である．

　トヨタグループでも1990年頃より感性評価の研修を実施している．当初

は官能評価セミナーという名称であったが，官能評価の五感(視覚，聴覚，触覚，味覚，嗅覚)に加えて，感動する，ほっとする，リラックスできるといった「気持ち」も評価対象になることから，「五感」と「気持ち」をあわせて「感性」と表現し，今では感性評価セミナーとしている.

　感性評価には目的に応じてさまざまな手法があるが JUSE-StatWorks/V5 では化粧品開発に SD 法を使った解析例が掲載されている．データは「G2_0302_感性評価データの解析(親和図，SD プロファイル，主成分分析)」となり，**図表 M.1** が解析画面の一部である．解析の詳細については JUSE-StatWorks/V5 活用ガイドブックに解説されているので参考にしてほしい.

　さて，SD 法は情緒的意味を考えるため，評価用語に形容詞や形容動詞が多く，「印象」や「イメージ」を評価・測定することに適している．一方，ものづくりにおいては，JIS Z 9080：2004「官能評価分析―方法」にも記載があるように，QDA 法(Quantitative Descriptive Analysis：定量的記述的試験法)と一対比較法(method of paired comparisons)が適していることが多い．その理由は以下のとおりである.

(1)　QDA 法

　QDA 法はサンプルがどのようなものか表現できる「評価用語」を使うため，設計品質の改善につながる物理的属性の特定ができる(特性値と因果関係がある)特徴がある．評価用語はサンプルがどのようなものか表現できれば品詞は問わないため，SD 法のような形容詞や形容動詞に限らず，名詞も使われる．評価結果を主成分分析で要約し，結果を解釈することで，サンプルの特徴や，「どの設計値を動かせば，人は感動するか」などの特定につながる.

(2)　一対比較法

　一対比較法には，シェッフェの原法を使いやすくした，芳賀の変法，浦の変法，中屋の変法がある．トヨタグループでは中屋の変法が使われることが多

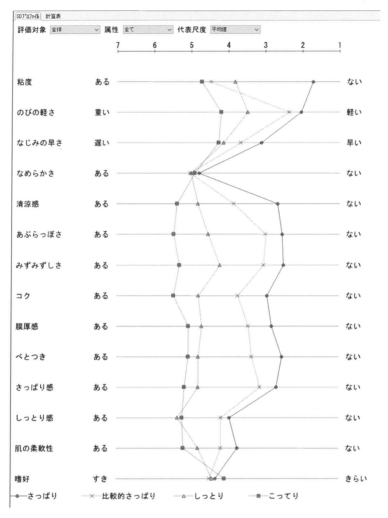

図表 M.1 SD法解析画面

い．これらは，サンプルAとBのどちらが良いか，評価者が判断する方法
であり，自分のもっている基準に照らしてどちらが良いか答えていく．ポイ
ントはあまり深く考えず，直感的にどちらが良いか相対評価することである．

例えば，A〜D の 4 つサンプルがあれば「A と B でどちらが良いか」を直感的に判断し，次に A と C を比較する……というように一人の評価者が次々とサンプルを評価していくのである．この結果，いちばん良いサンプルがどれかを決定できるという嬉しさがある（同率 1 位などもあるが）．しかし，直感的に一番良いサンプルを決めても，それがなぜ良いかの理由はあまり考えないため，QDA 法のように物理的属性への落とし込みは難しいという側面がある．

ここで，「QDA 法だけでもいいのではないか？」と思う読者がいるかもしれないが，総合評価をする以前に 10 個程度の個別評価をする QDA 法では，個別評価の結果に総合評価が多少引きずられることがある．その点，一対比較法なら深く考えずに，相対評価でどちらが良いと判断できるため，両者の結果を合わせて考察することをお勧めする．なお，これらの詳細については神宮ら[8]を参考にしてほしい．

以上をまとめると以下のようになる．
- QDA 法：絶対評価であり，特徴は「どの設計値（物理的属性）を変更すればよいか」を確認できることである．ただし，個別評価を多くするため，総合評価が引きずられる可能性がある．
- 一対比較法：どちらが良いか直感的に評価するため，いちばん良いサンプルを決定できる．ただし，物理的属性までは特定できない．

近年では生理機能や脳機能測定によって，評価者が無意識に感じていることや，言葉ではうまく表現できないが，心の底で思っていることを推定する測定方法も提案されている．例えば，緊張度合を交感神経で測定したり，リラックスの度合いを副交感神経で測定したりするやり方だが，これらは日常性の担保，つまり測定のために大がかりな装置を装着するため，日常性が失われる可能性もある．とはいえ，測定装置が手軽にコンパクトになっていけば，より精度の高い感性評価に繋がっていくと思われる．

コラム 14　数量化 III 類における解析の工夫

　本コラムは「第 19 回　JUSE パッケージ活用事例シンポジウム」(主催：日本科学技術研修所)にて筆者が報告した「魅力ある車づくりにつなげるアンケート調査の実践とその工夫— N7 と数量化 III 類を併用した自由意見解析—」の要旨である[9]．報告では，次に乗りたい車を従業員の周囲(家族・親戚・知人)にアンケート調査をする際に，本音を引き出す工夫や，解析において自由意見から言葉の裏に潜むニーズを読み取る工夫を紹介した．ここでは得られた意見を 1 枚の図に集約する際に，数量化 III 類を活用しており，そのなかで解析のやり方を工夫しているので以下に紹介したい．

　アンケート結果を集計した度数表形式の表(**図表 N.1**)から特徴を抽出するために数量化 III 類でデフォルトのまま解析した同時布置図は**図表 N.2** となる．

　同時布置図はデフォルトで変数スコアの分散が λ，サンプルスコアの分散が 1 となっており，サンプルスコアの解釈がしやすくなっている．例えば 30 代男性がプロットされる位置は，30 代男性が回答した「次に乗りたい車の項目」の重心にプロットされるという特徴がある．このように，年齢・性

カテゴリ	N2 10,20代男性	N3 10,20代女性	N4 30代男性	N5 30代女性	N6 40代男性	N7 40代女性	N8 50代~男性	N8 50代~女性
安価	3	2	2	1	1	0	2	2
故障しない	0	0	3	0	0	1	0	0
燃費	5	3	5	2	8	2	6	3
ブランド	0	1	3	1	1	0	4	0
高級感	0	0	1	0	0	0	1	0
環境	1	0	0	0	0	0	0	0
最先端技術	0	0	1	0	0	0	0	0
欲張り	3	1	0	0	1	0	0	0
自分流に改造	0	0	2	0	0	0	1	0
アウトドア派	0	1	0	0	2	0	0	0
かっこいい	3	2	4	1	0	0	1	1
スポーツカー	3	0	0	0	1	0	4	0
独創的デザイン	1	0	0	0	0	0	0	0
運転しやすい	0	2	0	7	0	4	0	0
内装（設備の操作)	0	0	0	3	0	0	0	0
乗り心地	0	1	0	0	0	0	1	0
荷物	3	0	1	2	2	1	0	1
大人数	2	0	1	1	1	1	0	0
レジャー	4	0	0	0	0	0	1	0

図表 N.1　アンケート結果の度数表

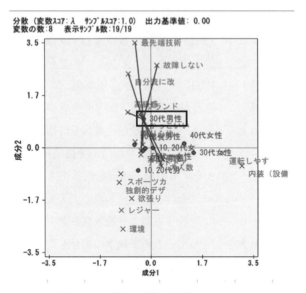

分散（変数スコア：λ　ｻﾝﾌﾟﾙｽｺｱ：1.0）　出力基準値：0.00
変数の数：8　表示ｻﾝﾌﾟﾙ数：19/19

図表 N.2　同時布置図（変数スコア：λ）

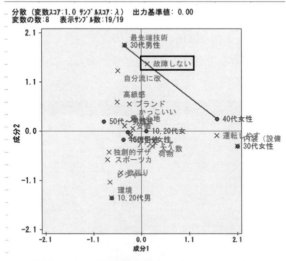

分散（変数スコア：1.0 ｻﾝﾌﾟﾙｽｺｱ：λ）　出力基準値：0.00
変数の数：8　表示ｻﾝﾌﾟﾙ数：19/19

図表 N.3　同時布置図（サンプルスコア：λ）

別はそれぞれの項目の重心となるため，中心付近に布置されやすい．

　一方，変数スコアの解釈が容易になる方法もある．変数スコアの分散を 1，サンプルスコアの分散を λ に変更した同時布置図が**図表 N.3** である．この場合の解釈であるが，例えば「故障しない」であれば回答した年齢・性別は 30 代男性が 3 人，40 代女性が 1 人であるため，その重心に布置されている．

　このように変数スコアやサンプルスコアの分散を変更することで，同時布置図の解釈にも違いがあるので，数量化 III 類の同時布置図の見方の参考にしてほしい．

コラム 15　DRBFM の講義で伝えること

　DRBFM とは Design Review Based on Failure Mode の略であり，変更点・変化点に特に注目して FMEA をベースとしたデザインレビューを実施し，問題発見・問題解決を進めるトヨタ自動車が開発した創造的な未然防止法である．詳細は専門書に譲るが，筆者は DRBFM の講義のなかで特に以下の 4 つのポイントを伝えている．

　① 変更点・変化点に問題は潜んでいる

　　設計者が新しい設計をするとき，意識的に変更した部分を「変更点」，その変更によって変わってしまった部分を「変化点」とよぶ．デザインレビューでは問題を洗い出して対策を議論していくが，問題をやみくもに洗い出すのではなく，この変更点・変化点に問題の芽が潜んでいると考えて，重点的に注目することがポイントである．

　② 問題を発見するために何から何に変えたのか比較する

　　変更した部品だけを見ていても問題になかなか気づかないことはあり得る．新旧の部品や工程など比較をすることによって観察の目をより一層精緻なものにすることができる．これにより，今まで気づかなかった細部や周辺への関心を呼び覚まし，分析的な見方をすることができるよ

うになる.

③ 問題の原因を短い文章で書く

　抽出した問題を「……不足」や「……不良」と曖昧な言葉で表現するのではなく，問題が発生する状況を関係者全員が同じイメージを描けるように，なるべく短く文章化する．例えば，「○○部に応力△△(定量値)が加わるため破断する」というように表現することで，真の原因かどうか簡単にチェックできる.

④ ものをよく見る

　試作品を作って評価する場面があれば，しっかりものを見ることが大切である．変更品の電気特性の数値が従来品と同等の場合でも，通電部を見ると，表面状態が全く違う可能性もある．このようなことも考えられるので，「ものはみえるところもみえないところもみる(分解する)」「比較してみる」「並べてみる」，さらには「簡単な方法で測ってみる」ことが大切である．このときの「みる」には「見る」「観る」「視る」「診る」「看る」といろいろな形があることを念頭に入れたい.

第9章
総合演習

前章までSQCと機械学習の目的に応じたそれぞれの使い方について述べてきた．本章では総合演習として，**図表9.1**に示す「国内自動車における仕様・諸元一覧表」から「価格」を予測するモデルを作成する（ファイル名：総合演習.SW5）．モデル作成後は，**図表9.2**の「サンプルA」の各諸元から価格を予測し，モデルの予測精度を確認してみよう．

［総合演習のヒント］

- データサイズは変数の数が24，サンプルサイズは134である．
- 変数間の相関が高いため，多重共線性の発生には注意する．
- なるべくシンプルで予測精度の良いモデルを作成する．

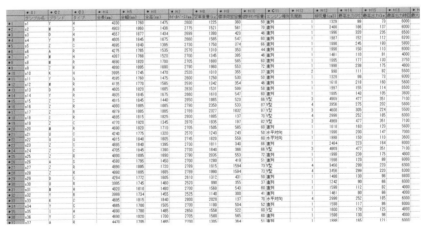

出典) トヨタ自動車九州：『機械学習素養テキスト』，2019年（非売品）の一部を筆者が変更している．

図表9.1 国内自動車における仕様・諸元一覧表

図表9.2　サンプルAの各諸元

ブランド	タイプ	全長(mm)	全幅(mm)	全高(mm)	ホイールベース(mm)	空車重量(kg)	標準荷室容量(l)	燃料タンク容量(l)	エンジン種別	気筒数	排気量(cm3)
Y	S	4620	1775	1465	2700	1270	452	55	直列	4	1598

最高出力(PS)	最高出力(kw)	最高出力時回転数(rpm)	最大トルク(N·m)	最大トルク時回転数(rpm)	駆動方式	100km/h加速(秒)	最高速度(km/h)	燃費(km/l)	燃料種別	全幅(m)×全高(m)	価格(万円)
132	97	6400	160	4400	前輪駆動	10.0	200	16.7	ガソリン	2.6	278

［総合演習の解答例］

　本章では，解答例として以下の手順①〜⑤を紹介する.

　　①　モデルに使う変数の検討

　　②　1変数での外れ値の確認

　　③　2変数以上での外れ値の確認

　　④　変数間の関係性の確認

　　⑤　予測モデルの作成

①　モデルに使う変数の検討

　「総合演習. SW5」のデータシート「変数検討用」から24個の変数を確認すると，以下のように属性の変更や解析から除外したほうがよい変数がいくつか確認できる.

　　• 変数 N12「気筒数」は離散値なので質的変数に属性を変更する.

　　• 変数 N15「最高出力（kw）」は N14「最高出力（PS）」と単位が違うだけなので解析から除外する.

　　• 変数 N24「全幅×全高」は多重共線性の原因となるので解析から除外する.

　ここで，モデルに使う変数を検討するが，なるべくシンプルなモデルを作成したいため，まずは量的変数のみで作成してみる. 本章の事例では，目的変数「価格」に対して，量的変数（量的な説明変数）は15個もあるため，それらから予測精度の良いモデルを作成できるに越したことはない. ちなみに，**コラム9**で述べたように，質的変数（ブランド，タイプ，エンジン種別，気筒数など）をモデルに取り込むことは可能である. ただし，**コラム5**で述べたように，質的変数は量的変数に比べて情報量が少ないため，それに留意してモデルに使うことを検討する必要がある.

②　1変数での外れ値の確認

　データシート「変数検討後」が①の処理を施したものである. ここから，量

的変数 16 個(価格を含む)について,外れ値の確認をする.2.1 節の[解析ア
ドバイス]で外れ値を見つけてもよいが,JUSE-StatWorks/V5 では他にも同
様な機能があるため,ここでは,[基本解析]—[モニタリング]を選択する.
次に表示される[モニタリングの変数指定]ダイアログではすべての量的変数
を選択して次へ進むと,**図表 9.3** の箱ひげ図が表示される.
　ここで,メニューボタンの[外れ値]をクリックすると,各変数における

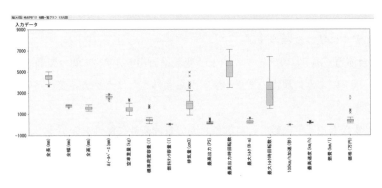

図表 9.3　箱ひげ図

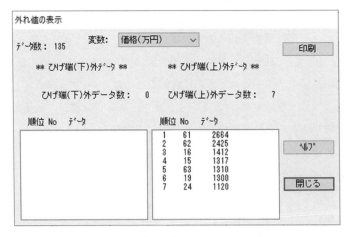

図表 9.4　変数「価格」での外れ値

「外れ値」が表示される．例えば，「価格」では**図表9.4**の7つの外れ値が表示される．

　実践におけるデータ分析では，「表示された外れ値が本当に外れ値なのか一つひとつ吟味してから除去するか，しないか」を判断していく．そのため，本章の事例では，JUSE-StatWorks/V5のデフォルト設定で外れ値と抽出されたサンプルを中心に吟味することとする．その結果，ここでは全部で26個を外れ値として解析から除外する（26個の内訳は，s3，s15，s16，s17，s19，s24，s27，s28，s49，s50，s51，s52，s53，s54，s58，s59，s60，s61，s62，s63，s72，s86，s87，s110，s111，s112）．なお，箱ひげ図には外れ値を除去する機能はないため，表示されたサンプルをメモして，後ほどマスク処理や削除する必要があるので注意したい．

　次に2変数以上での外れ値を確認していくが，ここでの26個の外れ値は③の後に2変数以上の外れ値と一緒にまとめて除去する．

③　2変数以上での外れ値の確認

　2変数以上での外れ値は7.1節の「多変量管理図」のマハラノビス距離で抽出してもよいが，ここではメニューの［機械学習］—［データクリーニング］を選択する．［変数の指定］ダイアログではすべての量的変数を選択して次へ進み，［サンプル］タブの［外れ値］をクリックすることで，マハラノビス距離による外れ値が表示される（**図表9.5**）．

　これより，s15，s16，s17，s23，s53，s61，s62，s63，s112の9個が2変数以上の組合せでの外れ値と検出された．そのほとんどが②での26個の外れ値と重複しているが，s23だけが②と重複せず，2変数以上の組合せでの外れ値となった．このs23のサンプルを吟味し，今回は外れ値として解析から除外することとした．

　次に，1クラスSVMにて高次元特徴量空間に写像した場合の外れ値を確認してみる．**7.2節**の方法で解析すると，カーネル関数でガウスカーネルを選択し，偽陽性（％）を5％，カーネルパラメータを9とすると，**図表9.6**となり，

sNo	サンプル名	マハラノビス汎距離	基準化データ 全長(mm)	全幅(mm)	全高(mm)	ホイールベース(mm)	空車重量(kg)	標準荷重量	燃料タンク容量	排気量(cm3)	最高出力(PS)	最高出力回転	最大トルク(N·m)	最大ト
15	s15	37.632	1.357	0.846	-0.875	1.832	1.338	0.100	0.861	3.571	3.105	1.688	2.359	
16	s16	37.890	1.240	1.508	2.555	1.254	2.968	0.143	2.875	2.350	1.026	0.168	1.038	
17	s17	42.525	1.237	1.508	2.555	1.244	2.691	4.421	2.675	3.136	1.335	0.065	1.613	
19	s19	23.474	0.874	2.237	-1.608	2.025	1.572	-0.964	2.243	3.571	3.105	1.688	2.448	
23	s23	37.310	0.625	0.754	-1.222	0.676	1.154	-0.403	0.861	0.587	0.491	0.571	-0.384	
24	s24	35.372	0.658	0.846	-1.261	0.676	1.252	-0.407	0.861	3.571	3.105	1.688	2.359	
27	s27	34.259	1.274	1.774	1.283	1.244	1.504	3.637	1.465	1.747	1.273	0.876	0.868	
28	s28	33.349	1.274	1.774	1.013	1.244	1.757	3.637	1.465	1.747	1.273	0.876	0.868	
49	s49	25.226	0.625	0.197	1.206	0.098	0.097	4.164	0.602	-0.011	-0.260	0.571	-0.615	
50	s50	29.879	0.625	0.197	1.206	0.098	0.515	3.924	0.342	-0.011	-0.260	0.571	-0.615	
51	s51	23.479	0.625	0.197	1.206	0.098	0.666	3.739	0.342	3.571	-0.260	-1.962	1.027	
52	s52	26.194	0.625	0.197	1.206	0.098	0.098	3.739	0.342	0.315	-0.260	-1.962	1.027	
53	s53	42.144	-0.407	1.403	2.208	-1.106	2.507	-0.650	1.120	1.438	0.151	-1.962	1.589	
54	s54	30.287	1.307	1.403	2.362	1.158	3.164	-0.905	2.761	1.438	0.151	-1.962	1.589	
61	s61	64.686	0.691	1.774	-1.407	1.158	1.067	-0.575	1.552	2.160	3.909	1.382	3.264	
62	s62	47.621	0.675	1.774	-1.415	1.158	1.117	-0.575	1.552	2.160	4.372	1.382	3.442	
63	s63	39.300	0.675	1.774	-1.415	1.158	-0.575	-0.575	1.552	2.160	4.062	1.382	3.309	
112	s112	46.540	-2.769	-3.697	0.898	-3.847	-1.121	-1.241	-1.385	-0.819	-0.940	0.571	-1.389	

図表9.5　2変数以上での外れ値

データ	カーネル関数	モデル評価	確定モデル	予測

分類結果（学習データ）

モデル：1クラスSVM　偽陽性(%)：5.0　カーネル種類：ガウスカーネル（σ：9.000）

誤判別サンプル ∨

境界距離	0.771
サンプル数	134
SV数	9
SV率(%)	6.7
偽陽性数	7
偽陽性率(%)	5.2
1:正常	
-1:異常	

sNo	サンプル名	予測カテゴリ	識別関数	係数α
17	s17	異常	-0.002	0.007
54	s54	異常	0.000	0.007
61	s61	異常	-0.002	0.007
62	s62	異常	-0.001	0.007
72	s72	異常	0.000	0.002
111	s111	異常	0.000	0.005
112	s112	異常	-0.001	0.007

図表9.6　1クラスSVMでの外れ値

7つのサンプルが外れ値と検出された．この結果を見ると，これまでに検出された外れ値と重複していることが確認できた．

　このように②，③によって計27個の外れ値が確認されたため，それらを解析対象外（マスク処理）として以降の解析を実施する．ここで，外れ値をマスク処理したデータシート名は「外れ値マスク後」とする．

④　変数間の関係性の確認

外れ値をマスクしたデータで変数間の相関関係を確認していく．メニューの［基本解析］から相関係数行列を表示すると，**図表 9.7** のように，相関関係が強い組合せがいくつか存在することが確認できる．予測モデルを作成する際に，説明変数間に強い相関があると，これまで説明したように回帰係数が不安定になったり，固有技術と符号の向きが逆になったりすることが考えらえるが，まずは GM(グラフィカルモデリング)で変数間の関係性を解析してみる．すべての量的変数を解析対象として，無向独立グラフを選択後，逐次自動切断では **8.1 節**で述べたように，切断基準値に 0.2 を入力する．すると，**図表 9.8** の偏相関係数行列が表示される．

これより，AGFI = 0.585，SRMR = 0.093 となり，モデルが良いと評価される一般的な基準(AGFI 0.95 以上，SRMR 0.05 未満)に達していないことがわかる．つまり，切断基準値 0.2 では線を切断しすぎたことを意味する．

そこで，逐次自動切断を使用せず，偏相関係数の絶対値が最小の線を一つひ

ｻﾝﾌﾟﾙ数:　107　　+:|0.6|以上 ++:|0.8|以上

No	変数名	全長(mm)	全幅(mm)	全高(mm)	ﾎｲｰﾙﾍﾞｰｽ(mm	空車重量(kg	標準荷室容量	燃料ﾀﾝｸ容量	排気量(cm3)	最高出力(PS	最高出力時回	最大ﾄﾙｸ(N・m	最大ﾄﾙｸ時回
4	全長(mm)	1.000	0.741+	0.239	0.876++	0.761+	0.643+	0.880++	0.640+	0.491	-0.055	0.452	0.006
5	全幅(mm)	0.741+	1.000	0.450	0.709+	0.822++	0.474	0.822++	0.659+	0.630+	-0.078	0.594	-0.120
6	全高(mm)	0.239	0.450	1.000	0.242	0.596	0.193	0.453	0.468	0.343	-0.179	0.413	-0.057
7	ﾎｲｰﾙﾍﾞｰｽ(mm	0.876++	0.709+	0.242	1.000	0.711+	0.381	0.818++	0.670+	0.521	-0.008	0.438	0.021
8	空車重量(kg	0.761+	0.822++	0.596	0.711+	1.000	0.386	0.883++	0.715+	0.727+	-0.217	0.720+	-0.214
9	標準荷室容量	0.643+	0.474	0.193	0.381	0.386	1.000	0.442	0.206	0.171	-0.167	0.300	-0.102
10	燃料ﾀﾝｸ容量	0.880++	0.822++	0.453	0.818++	0.883++	0.442	1.000	0.763+	0.639+	-0.007	0.508	0.043
13	排気量(cm3)	0.640+	0.659+	0.468	0.670+	0.715+	0.206	0.763+	1.000	0.662+	0.098	0.503	0.232
14	最高出力(PS	0.491	0.630+	0.343	0.521	0.727+	0.171	0.639+	0.662+	1.000	0.159	0.588	-0.059
16	最高出力時回	-0.055	-0.078	-0.179	-0.008	-0.217	-0.167	-0.007	0.098	0.159	1.000	-0.620+	0.772+
17	最大ﾄﾙｸ(N・m	0.452	0.594	0.413	0.438	0.720+	0.300	0.508	0.503	0.588	-0.620+	1.000	-0.602+
18	最大ﾄﾙｸ時回	0.006	-0.120	-0.057	0.021	-0.214	-0.102	0.043	0.232	-0.059	0.772+	-0.602+	1.000
20	100km/h加速	-0.221	-0.392	0.009	-0.180	-0.382	-0.185	-0.237	-0.345	-0.687+	0.011	-0.574	0.284
21	最高速度(km	0.279	0.342	-0.202	0.245	0.251	0.273	0.223	0.241	0.611+	0.089	0.446	-0.186
22	燃費(km/l)	-0.472	-0.469	-0.348	-0.460	-0.524	-0.110	-0.618+	-0.585	-0.719+	-0.574	-0.050	-0.395
25	価格(万円)	0.584	0.773+	0.374	0.555	0.849++	0.346	0.685+	0.592	0.803++	-0.173	0.753+	-0.301

図表 9.7　相関係数行列

データ数：107
フルモデルとの比較　：逸脱度＝310.769　自由度＝88　P値＝0.0000
直前のモデルとの比較　：逸脱度＝6.162　自由度＝1　P値＝0.0131
適合度指標　：GFI＝0.757　AGFI＝0.585　NFI＝0.866　SRMR＝0.093

下三角：偏相関係数　上三角：相関係数の残差

	全長(mm)	全幅(mm)	全高(mm)	ホイールベース(	空車重量(k	標準荷室容	燃料タンク容量	排気量(cm3	最高出力(P	最高出力時	最大トルク(N-	最大トルク時	100km/h加	最高速度(k	燃費(km/l)	価格(万円)
V1 全長(mm)	***	0.04376						-0.01435	-0.04007	-0.11774	0.07963	-0.12365	0.15376	-0.05397	-0.09093	
V2 全幅(mm)	-0.00000	***	0.09274	0.08826	0.02912	0.06078		0.00311	-0.02841	-0.14533	0.14602	-0.19664	0.03914	-0.02175	0.01194	
V3 全高(mm)	-0.31970	-0.00000	***	0.04483			0.04965	0.12359	-0.02529	-0.00842		0.08684	-0.02164			
V4 ホイールベース(mm)	0.66261	-0.00000	0.00000	***	0.01223		0.03362	0.08784	0.04873	-0.06802	0.10996	-0.09787	0.15864	-0.05928	-0.12329	0.08528
V5 空車重量(kg)	0.36737	-0.00001	0.53962	0.00001	***			0.00147	-0.00532	-0.24009	0.18246	-0.24991	0.02919	-0.05124	0.03114	
V6 標準荷室容量(	0.98161	-0.00001	0.28189	-0.44993	-0.38964	***	-0.07985	-0.19400	-0.14679	-0.19177	0.06718	-0.16693	0.02173	0.09873	0.12277	
V7 燃料タンク容量(	0.35384	0.32597	-0.00001	0.00001	0.25946	-0.00001	***		-0.03046	-0.06067	0.02793	-0.06092	0.19525	-0.13757	-0.12709	-0.06390
V8 排気量(cm3)	0.00001	-0.00000	-0.00000	0.00000	-0.00001	0.00000	0.22437	***	0.00368	0.04013			0.11764	-0.16965	-0.11163	-0.06048
V9 最高出力(PS)	-0.00001	-0.00001	-0.00000	-0.00001	0.00001	-0.00000	-0.00001	-0.00000	***			-0.07093		0.01085		
V10 最高出力時回	-0.00000	0.00000	-0.00000	0.00000	0.00001	-0.00001	0.00001	-0.00000	0.29301	***			0.11604			-0.27563
V11 最大トルク(N-m)	-0.00001	-0.00001	0.20949	-0.00000	-0.00001	0.00000	-0.00001	0.41295	0.43383	-0.61586	***		-0.10763		0.04334	0.24447
V12 最大トルク時回転	0.00001	0.00000	-0.00000	0.00001	0.00001	0.00001	0.00001	0.58615	0.00001	0.24064	-0.42641	***	0.25279	-0.13496	-0.01678	[illegible]
V13 100km/h加速	-0.00001	-0.00000	-0.00000	-0.00000	-0.00000	-0.00000	-0.00000	-0.00001	[illegible]	0.00001	-0.00000	0.00000	***		-0.15694	-0.07172
V14 最高速度(km/	-0.00001	-0.00000	-0.37485	-0.00001	-0.00000	0.00000	-0.00001	0.00001	-0.00001	0.21518	0.30243	0.00001	-0.62396	***	0.07417	0.05497
V15 燃費(km/l)	0.00001	-0.00000	-0.25245	0.00000	0.00000	0.00000	0.00001	0.00001	-0.41965	-0.40415	0.00001	0.00000	-0.00000	0.00000	***	0.12720
V16 価格(万円)	-0.31065	0.26001	-0.37940	0.00001	0.63280	0.25697	0.00001	0.00000	0.26195	0.00001	-0.00001	0.00000	-0.00001	-0.00001	-0.00000	***

図表 9.8　偏相関係数行列(切断基準値 0.2)

とつ手動で切断していく．モデルが良いとされる基準である AGFI 0.95 以上，まで線を切断した偏相関係数行列を**図表 9.9** に示す．

　ここで，「価格」と他の量的変数との偏相関係数を確認していく．価格に対して，全長や全高，燃料タンク容量の偏相関係数を見ると符号が負となっており，固有技術と矛盾する結果となった．これは，前述したように，変数間に強い相関があるために偏相関係数が不安定となり，固有技術と符号の向きが逆になったためと考えられる．

　このため，偏相関係数の不安定さを正則化によって回避する glasso にて解析する．8.2 節の手順で解析すると，**図表 9.10** の「偏相関グラフ一覧」を得ることができる．

　ここでは，「価格」を中心に変数間の偏相関係数を確認するため，比較的シンプルな $\rho = 0.51616$ の偏相関グラフに注目してみる．グラフを拡大して，見やすいように変数の位置を移動したものが**図表 9.11** となる．

　これより，「価格」には，「全幅」「空車重量」「燃料タンク容量」「最高出力」「最大トルク」「100km/h 加速」に偏相関関係があり，符号の向きとしても問題はなさそうである．しかし，これら変数の背後には複雑な偏相関関係があるためモデル作成での符号の反転等を注意しながら⑤の解析に進む．

⑤　予測モデルの作成

　第 5 章で説明したとおり，単回帰分析，重回帰分析，正則化回帰の順番でモデルを作成することを勧める．まず，単回帰分析で解析すると，説明変数に空車重量を選択したモデルが最も説明力が高く，$R^{*\wedge}2$ や $R^{**\wedge}2$ が 0.7 程度となる．このときのサンプル A の価格を予測すると 287.2 万円となり，正解の278 万円と約 9 万円程度の差があった（**図表 9.12**）．

　このように，単回帰分析でシンプルなモデルを作成できたが，さらに予測精度を向上させたい場合には，重回帰分析を実施する．ただし，④で変数間の強い相関関係が GM の解析結果に影響を与えたことから，重回帰分析にも影響する可能性が高いことに注意する．変数選択で［逐次変数 4 方法］を選択する

データ数：107
フルモデルとの比較　逸脱度 =9.575　自由度 =32　P値 =1.0000
直和モデルとの比較　逸脱度 =－　自由度 =－　P値 =－
適合度指標：GFI=0.989　AGFI=0.953　NFI=0.986　RMSEA=0.005

下三角：偏相関係数　上三角：相関係数の情報

	全長(mm)	全幅(mm)	全高(mm)	ホイールベース(mm)	空車重量(kg)	標準乗員数	燃料タンク容量	排出量(cm³)	最高出力(kW)	最高出力回転数	最大トルク(N·m)	最大トルク回転数	100km/h加速	最高速度(km/h)	燃費(km/ℓ)	価格(万円)

図表 9.9　偏相関係数行列（手動にて切断）

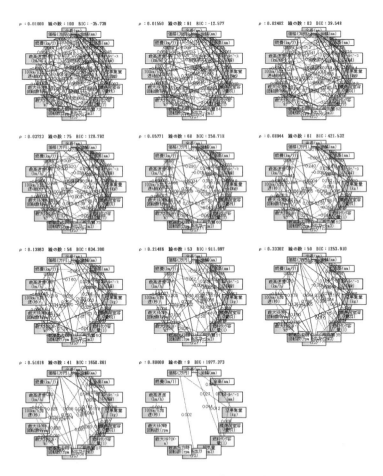

図表 9.10　偏相関グラフ一覧

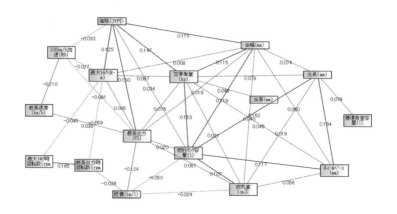

図表9.11　ρ=0.51616の偏相関グラフ

変数選択	選択履歴	SE実化グラフ	偏回帰プロット一覧	偏回帰プロット	偏回帰残差一覧	
	目的変数名	重相関係数	寄与率R^2	R*^2	R**^2	
	価格(万円)	0.849	0.721	0.718	0.715	
		残差自由度	残差標準偏差			
		105	59.490			
vNo	説明変数名	分散比	P値(上側)	偏回帰係数	標準偏回帰	トレランス
0	定数項	41.4628	0.000	-226.830		
8	空車重量(kg)	270.7754	0.000	0.405	0.849	1.000

No	予測値	95%信頼区間		95%予測区間		標準誤差		テコ比	N8
	価格(万円)	下限値	上限値	下限値	上限値	データ	母回帰		空車重量(kg)
1	287.159	273.791	300.527	168.446	405.872	59.871	6.742	0.013	1270.0
2									
3									

図表9.12　単回帰分析(上)と予測結果(下)

と，変数増減法が採用され，**図表9.13**の［変数選択］結果となった．

　この結果を解釈すると，「全長」「全高」「燃料タンク容量」の偏回帰係数が負となり，固有技術と矛盾した結果となっている．やはり，変数間の強い相関関係が偏回帰係数の符号の向きに影響したと考えられる．

　ここで，「価格」に効いている変数を一つひとつ手動で選択しながら固有技術をもとに納得できるモデルを作成できる場合は，重回帰分析でもよい．ただし，「どの変数が効いているか」の知見が少なく，今回のように変数間に強い相関関係がある場合には，逐次変数選択の結果だけでは，固有技術で納得できるモデルを作成するのは難しいといえる．そのため，次に**5.3節**で紹介した正

	変数選択	確定モデル	残差の分布	残差の連関	予測		

		変数選択	選択履歴	SE変化グラフ	偏回帰プロット一覧	偏回帰プロット	偏回帰残差一覧

	目的変数名	重相関係数	寄与率R^2	R*^2	R**^2	
	価格(万円)	0.940	0.883	0.874	0.864	
		残差自由度	残差標準偏差			
		98	39.813			
vNo	説明変数名	分散比	P値 (上側)	偏回帰係数	標準偏回帰	トレランス
0	定数項	3.0724	0.083	-591.178		
4	全長(mm)	8.0601	0.006	-0.123	-0.302	0.105
5	全幅(mm)	15.0184	0.000	0.702	0.264	0.256
6	全高(mm)	24.6357	0.000	-0.265	-0.259	0.439
7	ホイールベース(mm)	0.0468	0.829 +			
8	空車重量(kg)	47.3096	0.000	0.393	0.825	0.083
9	標準荷室容量(l)	7.6886	0.007	0.145	0.145	0.435
10	燃料タンク容量(l)	2.8315	0.096	-2.440	-0.199	0.085
13	排気量(cm3)	0.0000	0.997 +			
14	最高出力(PS)	31.3414	0.000	0.756	0.302	0.409
16	最高出力時回転数(rpm)	1.2960	0.258 +			
17	最大トルク(N·m)	5.0530	0.027	0.181	0.126	0.379
18	最大トルク時回転数(rpm)	0.2590	0.612 +			
20	100km/h加速(秒)	0.1510	0.698 +			
21	最高速度(km/h)	0.3614	0.549 +			
22	燃費(km/l)	1.5609	0.215 -			

図表9.13　重回帰分析における逐次変数選択の結果(変数増減法)

則化回帰にて解析してみる.

　ここでの正則化回帰は, リッジ回帰と lasso 回帰のそれぞれの特徴を有する Elastic Net で解析する. **第5章**で説明した方法で解析をすると, **図表9.14**の解パス図となる(解析結果を同一にするためには［モデル評価方法］の［詳細設定］より乱数のシード値を 10000 にすればよい).

　これより, すべての混合パラメータαにおいて, 決定した正則化パラメータλが 0.01 となり, 取り込まれている変数もかなり多いことがわかる(なるべくシンプルなモデルを作成したいが, $\alpha = 1.00$(lasso 回帰)でも 11 個取り込まれている). また, このλが大きくなるにつれて, 各変数の標準偏回帰係数の大きさが逆転したり, 符号の向きが反転したりとλにより結果が安定しているとはいえない.

　そのため, 本章の事例では「解析対象の変数を減らすことで, 解パス図が安定するかどうか」を確認する. 正則化パラメータλを大きくした際に, 残っている変数(標準偏回帰係数が 0 ではない変数)を$\alpha = 1.00$の解パス図で確認す

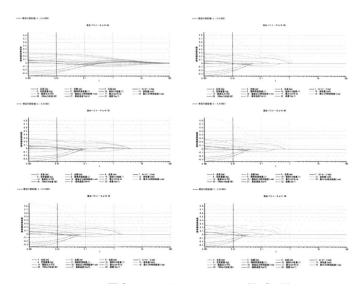

図表9.14 Elastic Net での解パス図

ると,「空車重量」「最高出力」「最大トルク」「全幅」「100km/h 加速」となる.
これらは,**図表9.11** の glasso の結果でも偏相関関係があった変数である.そ
れでは,改めてこの5つの変数だけを対象として Elastic Net で解析する.

　すると,**図表9.15** に示す解パス図となる.標準偏回帰係数は安定してきた
が,「最大トルク」と「全幅」で標準偏回帰係数の大きさが逆転している箇所
も見られる.そこで,さらに変数を絞り込み,同様の解析をしてみる.**図表
9.15** より,5変数のなかで最初に標準偏回帰係数が0となる「100km/h 加
速」を除外して,再度 Elastic Net で解析する.すると,「空車重量」と「最高
出力」「最大トルク」と「全幅」などで前述と同様に標準偏回帰係数の大きさ
が逆転する.いまだ標準偏回帰係数が安定しないため,4変数のなかで最初に
標準偏回帰係数が0となる「全幅」を減らした3変数で解析してみる.その結
果を**図表9.16** に示す.

　これより,すべての混合パラメータ u で安定した解パス図となっているこ
とが確認できる.ここから,混合パラメータ α を選択していくために「モデ

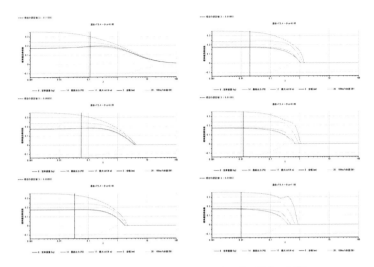

図表 9.15　Elastic Net での解パス図（5 変数）

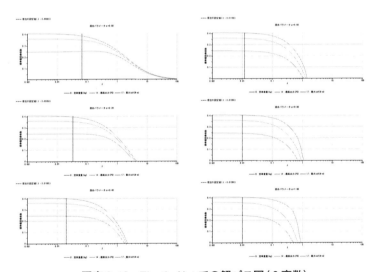

図表 9.16　Elastic Net での解パス図（3 変数）

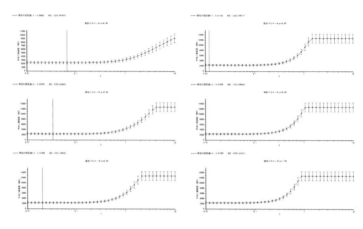

図表 9.17　モデル選択の評価グラフ

ル選択」のタブに移動し，それぞれの α における MSE の値を確認する（**図表 9.17**）．MSE が小さいほど，検証データに対して誤差が少ないモデルといえるので，ここでは MSE が 2323.65 と最も小さい $\alpha = 0.00$（リッジ回帰）を選択する．$\alpha = 0.00$ を選択するには，［残差の検討］タブに移動すると「混合パラメータ α を最適値に設定します」というコメントが表示され，MSE が最小となる $\alpha = 0.00$ が最適なモデルとして選択される．このモデルでの予測判定グラフは**図表 9.18** となり，残差に問題はなさそうである．また，このときの相関係数は 0.907 のため，回帰式の寄与率は 0.82（0.907 の 2 乗）となる．次に，［確定モデル］タブに移動すると，最終的に確定したモデルが**図表 9.19** のように示される．

　本章の問いである「サンプル A」の価格予測について［予測］タブに移動し，サンプル A の空車重量，最高出力，最大トルクを入力し，計算したものが**図表 9.20** となる．これより，価格予測は「276.43 万円」となり，正解の「278 万円」にかなり近い価格（差は約 1.6 万円）を予測できたことになる．単回帰分析の結果（差は約 9 万円）と比較すれば，正則化回帰でかなり予測精度は向上したといえる．

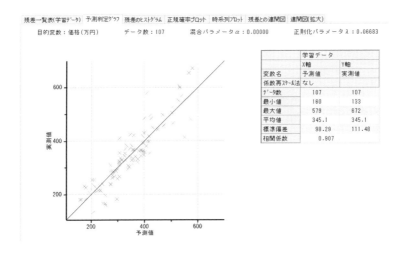

残差一覧表(学習データ)	予測判定グラフ	残差のヒストグラム	正規確率プロット	時系列プロット	残差との連関図	連関図(拡大)

目的変数：価格(万円)　　　　データ数：107　　　　混合パラメータα：0.00000　　　　正則化パラメータλ：0.06683

	学習データ	
	X軸	Y軸
変数名	予測値	実測値
係数再スケール法	なし	
データ数	107	107
最小値	160	133
最大値	579	672
平均値	345.1	345.1
標準偏差	98.29	111.48
相関係数	0.907	

図表 9.18　残差の検討(予測判定グラフ)

データ	モデル	モデル選択	残差の検討	確定モデル	予測

ハ゜ラメータ設定				ハ゜ラメータ選択		
	混合ハ゜ラメータα	正則化ハ゜ラメータλ		最適基準	評価方法	
設定方法	自動選択	自動選択		MSE:最小	K-分割交差検証法	
最小値	0.00000	0.01000			分割数:10	
最大値	1.00000	10.00000			反復数:1	
分割数	5	40				
分割スケール	実スケール	log10スケール				

vNo	目的変数名	データ数	平均値	標準偏差		混合ハ゜ラメータα	正則化ハ゜ラメータλ	係数再スケール法
25	価格(万円)	107	345.05807	111.48495		0.00000	0.06683	なし

	説明変数名	平均値	標準偏差	標準偏回帰	偏回帰係数
0	定数項				-131.38657
8	空車重量(kg)	1413.05607	233.83339	0.38636	0.18421
14	最高出力(PS)	147.77570	44.55561	0.35064	0.87735
17	最大トルク(N・m)	238.33645	77.53117	0.25239	0.36292

図表 9.19　Elastic Net での確定モデル

データ	モデル	モデル選択	残差の検討	確定モデル	予測

キー入力　∨		混合パラメータ：0.00000		正則化パラメータ：0.06683		係数再スケール：なし	
		最大値	2035	252	420		
		平均値	1413	148	238		
		最小値	915	80	110		
	予測値	S1	N8	N14	N17		
	価格(万円)	サンプル名	空車重量(kg)	最高出力(PS)	最大トルク(N・m)		
1	276.43	サンプルA	1270	132	160		
2							

図表 9.20　サンプル A の価格予測結果(Elastic Net)

	目的変数名	重相関係数	寄与率R^2	R*^2	R**^2	
	価格(万円)	**0.907**	0.823	0.818	0.813	
		残差自由度	残差標準偏差			
		103	47.808			
vNo	説明変数名	分散比	P値(上側)	偏回帰係数	標準偏回帰	トレランス
0	定数項	24.0979	0.000	-148.218		
4	全長(mm)	0.3935	0.532	−		
5	全幅(mm)	7.5809	0.007	+		
6	全高(mm)	9.1755	0.003	−		
7	ホイールベース(mm)	1.1981	0.276	−		
8	空車重量(kg)	32.9862	0.000	0.195	0.408	0.340
9	標準荷室容量(l)	1.9496	0.166	+		
10	燃料タンク容量(l)	3.2243	0.076	−		
13	排気量(cm3)	5.5978	0.020	−		
14	最高出力(PS)	35.0996	0.000	0.904	0.361	0.462
16	最高出力時回転数(rpm)	0.3526	0.554	+		
17	最大トルク(N・m)	16.8630	0.000	0.356	0.247	0.473
18	最大トルク時回転数(rpm)	2.2960	0.133	−		
20	100km/h加速(秒)	6.0773	0.015	−		
21	最高速度(km/h)	8.4545	0.004	+		
22	燃費(km/l)	2.7842	0.098	+		

図表 9.21 重回帰分析の変数選択結果(Elastic Net と同じ変数を手動で選択)

　なお,参考として**図表 9.19** で確定したモデルと同じ変数を重回帰分析の説明変数として選択すると**図表 9.21** となる.正則化をかけていないので,**図表 9.19** とは偏回帰係数が異なるが,比較のために,このモデルでサンプル A の価格を予測してみる.すると,**図表 9.22** のように「275.09 万円」(正解との差は 3 万円程度)になり,こちらのモデルも予測精度が良いことが確認できた.

　このように,重回帰分析においても,空車重量,最高出力,最大トルクを説明変数に選択すれば予測精度の良いモデルが作成できることがわかった.しかし,本章の事例のように変数間に強い相関関係がある場合,**図表 9.13** に示したように逐次変数選択で他の説明変数が選ばれてしまうのである.固有技術にもとづいて,これら 3 変数を選択できることが理想だが,知見が少なくて難しい場合は,glasso や正則化回帰で予測に効く変数を絞り込みながらモデルを作成することを勧めたい.

　以上を総合演習の回答例とする.本章では,モデルに使う変数の吟味から,外れ値の除去,変数間の関係性の確認,予測モデルまで作成した.また,本章

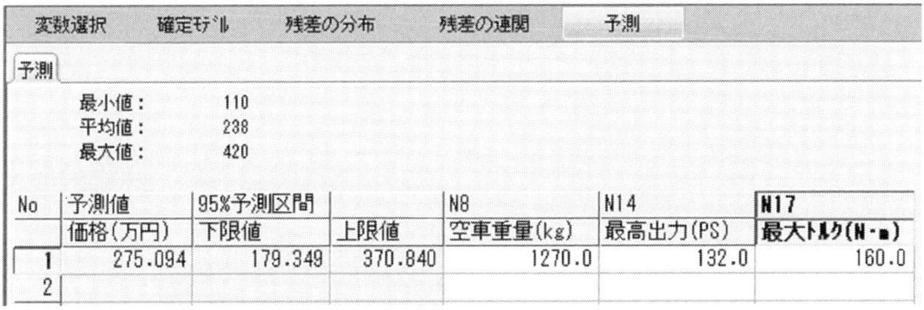

	変数選択	確定モデル	残差の分布	残差の連関	予測	

予測

最小値：	110
平均値：	238
最大値：	420

No	予測値	95%予測区間		N8	N14	N17
	価格（万円）	下限値	上限値	空車重量(kg)	最高出力(PS)	最大トルク(N・m)
1	275.094	179.349	370.840	1270.0	132.0	160.0
2						

図表 9.22　サンプル A の価格予測結果（重回帰分析）

では量的変数のみを用いてモデルを作成したが，質的変数の取り込みを検討したり，目的変数を「価格」から「燃費」に変更したりと，いろいろなモデルを作成できるので，読者各自でぜひ試してほしい．

あとがき

　本書の執筆に取り組んでいた 2020 年は，新型コロナウイルス（COVID-19）が世界を，また日本を震撼させた年だった．WHO（世界保健機関）のパンデミック宣言（3 月 11 日）の 2 日後には特別措置法が成立し，安倍晋三首相（当時）が 4 月 7 日に 7 都道府県（後に 13 都道府県へ拡大）を対象として感染対策を呼び掛けた「緊急事態宣言」のテレビ中継の記憶も未だに生々しい（5 月 25 日に解除）．しかし，本書の刊行時点でもウイルスの脅威は収まっていない．筆者をはじめ多くの企業人が感染に怯える日々を過ごしている状況だ．そんな状況なので，日本経済全体はもちろん，ものづくり業界には現在進行形で甚大な影響が出ており，「ポストコロナ」に対応した新しい働き方への変革を余儀なくされている．

　国際機関や国家でさえ混乱する状況にあっても，トヨタ自動車では SQC や機械学習をはじめとするデータ分析の教育活動について，従来の研修室で開催する集合形式からテレワークでも対応可能なオンライン形式へと切り替えて継続していた．それほどまでに「データ分析スキルを身につけることは重要である」と組織全体として位置づけていたからである．

　本書で述べたように，SQC と機械学習は問題解決の有効な道具である．分析する目的やデータの種類やサイズに応じて，それぞれを的確に使うことでよりいっそうの品質や技術力の向上に繋がっていく．

　総務省が『平成 28 年版　情報通信白書』で，機械学習の実用化による「第三次人工知能（AI）ブーム」を指摘してから早 4 年．今や，世間で SQC と機械学習が別物として扱われることが多いのは事実である．しかし，筆者は近い将来，実務者が「この場合は SQC がいいね」「ここでは機械学習だ」と自然に使い分けることが当たり前の世の中となっていてほしいと願っている．だからこそ，「本書を通じて一石を投じたい」と切に願っているのである．

　現代社会は，社会を構成する人々やさまざまなモノが繋がっていく段階へと

突入している．この傾向は今後ますます加速していくだろうし，繋がる対象や
その量もますます拡大していくだろう．つまり，それまで単なるクルマ，単な
る街としてあったモノが，膨大なデータを収集する舞台となるわけだ．

　日本でも 2010 年から横浜市や豊田市などで，スマートシティ（環境配慮型都
市）の実証実験が行われてきた．この「地域社会がエネルギーを消費するだけ
でなく，つくり，蓄え，賢く使うことを前提に，地域単位で統合的に管理する
社会」を目指すなかで，特にクルマに欠かせない概念が MaaS である．

　MaaS（Mobility as a Service）は，フィンランドのベンチャー企業（MaaS グ
ローバル社）が 2016 年に開始したサービス（交通経路の検索とモバイル決済を
組み合わせたもの）から広まった概念である．これは「公共交通機関などを利
用し，出発地から目的地への移動を最適な交通手段による一つのサービスとし
て捉え，シームレスな交通を目ざす新たな移動」を意味する．2010 年以降，
日本でもカーシェアリング事業が急成長し，ウーバー・テクノロジーズ（2009
年設立）のような新興ライドシェア企業も世界的に有名となった．

　これらに関してもまた 2020 年は節目の年となるだろう．トヨタ自動車が，1
月 7 日〜10 日に世界最大の技術見本市 CES2020（米国ラスベガス）で，実証都
市「コネクティッド・シティ」のプロジェクト概要を発表したからである．計
画では 2020 年末に閉鎖される東富士工場（静岡県裾野市）の跡地を利用し，将
来的に 175 エーカー（約 70.8 万 m^2）の範囲で新しい街を作り上げる（2021 年初
頭着工予定）．この街では，技術やサービスの開発と実証のサイクルを素早く
回し，新たな価値やビジネスモデルを生み出し続けることが目的とされる．こ
の街は網の目のように道が織り込まれ合う姿から「Woven City」と名づけら
れ，初期段階で 2,000 名程度の住民が暮らすことが想定されている．

　このような新時代を迎える今，本書が「両利きのデータ分析人財」の育成に
寄与することで，そのスキルを駆使する人財が新しい価値を生み出し，日本の
ものづくりを発展させ，人々のくらしが豊かになる事業に貢献できることを筆
者は期待している．

参考文献

【特に本書で直接言及したもの】

[1]　渡邉克彦：「品質・技術力向上に繋げる SQC と機械学習のよりよい使い方について」，『第 29 回　JUSE パッケージ活用事例シンポジウム』，2019 年 12 月 4 日

[2]　渡邉克彦：「品質・技術力向上に向けた信頼性データ解析の応用」，『第 2 回信頼性データ解析シンポジウム』，2012 年 2 月 23 日

[3]　日本品質管理学会中部支部産学連携研究会：『開発・設計に必要な統計的品質管理』，日本規格協会，2015 年

[4]　永田靖：『統計的方法のしくみ』，日科技連出版社，1996 年，pp.113-114

[5]　山田秀：『実験計画法―方法編―』，日科技連出版社，2011 年，pp.237-259

[6]　葛谷和義：「活用多変量管理図―要求品質特性の工程管理―」，『第 24 回多変量解析シンポジウム発表要旨』，pp.89-96，2001 年

[7]　山口和範・廣野元久：『SEM 因果分析入門』，日科技連出版社，2011 年

[8]　神宮英夫[編]：『感動と商品開発の心理学』，朝倉書店，2011 年

[9]　渡邉克彦：「魅力ある車づくりにつなげるアンケート調査の実践とその工夫―N 7 と数量化Ⅲ類を併用した自由意見解析―」，『第 19 回　JUSE パッケージ活用事例シンポジウム』，2009 年 11 月 30 日

【機械学習／ビッグデータ／データサイエンス】

[10]　則尾新一：「トヨタ自動車九州㈱における「機械学習の人財育成・教育」の取り組み」，『品質』，Vol.49，No.2，pp.160-164，2019 年

[11]　小野田崇：「「製造業におけるビッグデータの解析あり方研究会」活動報告（第 2 報）― SQC と機械学習―」，『品質』，Vol.48，No.4，pp.12-15，2018 年

[12]　鈴木和幸・椿広計：「ビッグデータ，機械学習，データサイエンスの近年に見られる発展と今度の展望」，『品質』，Vol.49，No.1，pp.29-34，2019 年

[13]　椿広計：「データサイエンスと品質マネジメントその教育と方法」，『品質』，Vol.48，No.4，pp.27-31，2018 年

[14]　川村大伸：「データサイエンスによる機械学習を包含した SQC の確立を目指して」，『品質』，Vol.50，No.2，pp.11-14，2019 年

[15]　椿広計・永田靖：「AI 時代の管理技術のあり方を問う（上）」，日本科学技術連盟，2017 年 9 月 22 日（http://www.juse.or.jp/src/mailnews/detail.php?im_id =

83)

[16] 椿広計・永田靖：「AI 時代の管理技術のあり方を問う(下)」，日本科学技術連盟，2017 年 9 月 26 日 (http://www.juse.or.jp/src/mailnews/detail.php?im-id = 84)

[17] C. M. ビショップ［著］，元田浩・栗田多喜夫・樋口知之・松本裕治・村田昇［監訳］：『パターン認識と機械学習(上)』，シュプリンガー・ジャパン，2007 年

[18] C. M. ビショップ［著］，元田浩・栗田多喜夫・樋口知之・松本裕治・村田昇［監訳］：『パターン認識と機械学習(下)』，シュプリンガー・ジャパン，2008 年

[19] Trevor Hastie・Rober Tibshirai・Jerome Friedman［著］，杉山将・井手剛・神嶌敏弘・栗田多喜夫・前田英作［監訳］，井尻善久他［訳］：『統計的学習の基礎 データマイニング・推論・予測』，共立出版，2014 年

[20] 平井有三：『はじめてのパターン認識』，森北出版，2012 年

[21] 赤穂昭太郎：『カーネル多変量解析 非線形データ解析の新しい展開』，岩波書店，2008 年

[22] 冨岡亮太：『スパース性に基づく機械学習』，講談社，2015 年

[23] 後藤正幸・小林学：『入門 パターン認識と機械学習』，コロナ社，2014 年

[24] 井出剛・杉山将：『異常検知と変化検知』，講談社，2015 年

【統計全般】
[25] 永田靖：『入門統計解析法』，日科技連出版社，1992 年
[26] 永田靖：『サンプルサイズの決め方』，朝倉書店，2003 年
[27] 谷津進・宮川雅巳：『品質管理』，朝倉書店，1988 年
[28] 日本規格協会名古屋 QST 研究会［編］：『サイエンス SQC —ビジネスプロセスの質変革』，日本規格協会，2000 年
[29] 日本規格協会名古屋 QST 研究会［編］：『実践 SQC 虎の巻—ビギナーからプロフェッショナルまで』，日本規格協会，1998 年

【多変量解析】
[30] 永田靖・棟近雅彦：『多変量解析法入門』，サイエンス社，2001 年
[31] 菅民郎：『多変量解析の実践(上)』，現代数学社，1993 年
[32] 菅民郎：『多変量解析の実践(下)』，現代数学社，1993 年
[33] 狩野裕・三浦麻子：『グラフィカル多変量解析』，現代数学社，1997 年
[34] 朝野熙彦・鈴木督久・小島隆矢：『入門 共分散構造分析の実際』，2005 年

【実験計画法】

[35]　永田靖：『入門実験計画法』，日科技連出版社，2000 年

[36]　宮川雅巳：『実験計画法特論』，日科技連出版社，2006 年

[37]　宮川雅巳：『品質を獲得する技術』，日科技連出版社，2000 年

[38]　日本品質管理学会［監修］，吉野睦・仁科健［著］：『シミュレーションと SQC』，日本規格協会，2009 年

[39]　渡邉克彦：「幅広い実践活用を目指した応答曲面法セミナーの発展〜ロバスト設計と応答曲面法の効率的な融合〜」，『第 93 回(中部支部第 28 回)研究発表会』，2010 年 8 月 25 日(http://www.jsqc.org/q/news/events/93kenkyu.pdf)

[40]　Raymond H. MyersDouglas C. MontgomeryChristine M. Anderson-Cook: *Response Surface Methodology*, John Wiley & Sons, 2016

【信頼性】

[41]　棟近雅彦［監修］，関哲郎［著］：『信頼性データ解析入門』，日科技連出版社，2011 年

[42]　真壁肇：『改訂版 信頼性工学入門』，日本規格協会，1996 年

[43]　日本信頼性学会［編］：『新版 信頼性ハンドブック』，日科技連出版社，2014 年

[44]　市田嵩・鈴木和幸：『信頼性の分布と統計』，日科技連出版社，1984 年

【品質工学】

[45]　立林和夫：『入門タグチメソッド』，日科技連出版社，2004 年

[46]　田口玄一［監修］，品質工学会［編］：『品質工学便覧』，日本規格協会，2007 年

[47]　渡邉克彦：「ロバスト設計時のやり直しを大幅に削減する方法の提案―品質工学(パラメータ設計)と応答曲面法の組合せ活用による技術力向上―」，『第 41 回年次大会研究発表会』，2011 年 10 月 28, 29 日(http://www.jsqc.org/q/news/events/41program4.pdf)

[48]　渡邉克彦：「未然防止にむけたロバスト設計手法の使い分けの提案―実務者が的確なロバスト設計を行うために―」，『第 23 回 JUSE パッケージ活用事例シンポジウム』，2014 年 1 月 22 日

【その他】

[49]　日科技連官能検査委員会［編］：『新版 官能検査ハンドブック』，日科技連出版社，1973 年

[50]　吉村達彦：『トヨタ式未然防止手法 GD³』，日科技連出版社，2002 年

[51]　日本品質管理学会中部支部産学連携研究会［編］：『開発・設計における"Q の

確保"』，日本規格協会，2010 年

［52］ 永田靖：『SQC セミナーの物語(品質月間テキスト No.449)』，品質月間委員会，2020 年

［53］ 吉野睦：『データサイエンスと品質管理(品質月間テキスト No.446)』，品質月間委員会，2020 年

索　引

●著者紹介

渡邉 克彦 （わたなべ かつひこ）

【経歴・専門分野】

　東京理科大学基礎工学研究科修士課程修了．トヨタ自動車㈱第 3 電子技術部に入社．その後，TQM 推進部，SQC グループのグループ長として応答曲面法，信頼性，品質工学，感性評価などの社内講座における質向上の取組みを行う．現在は，SQC および機械学習におけるデータ分析の普及推進や実践活用の支援に従事．

　社内およびトヨタグループのデータ分析推進・指導アドバイザ．日本規格協会講師，中部品質管理協会講師．

【受賞歴・著作】

- 2011 年　（一社）日本品質管理学会　第 1 回 Activity Acknowledgment 賞.
- 2013 年　㈱日本科学技術研修所　第 10 回 JUSE-StatWorks 活用エキスパート賞.
- 『開発・設計に必要な統計的品質管理』(共著，日本規格協会，2015 年).
　※ 2016 年度日経品質管理文献賞受賞

上手な機械学習と統計的品質管理の使い方入門
JUSE-StatWorks によるこれからのものづくりに必要な両利きのデータ分析

2021 年 3 月 22 日　第 1 刷発行
2022 年 6 月 24 日　第 3 刷発行

著　者　渡　邉　克　彦
発行人　戸　羽　節　文

検　印
省　略

発行所　株式会社　日科技連出版社
〒 151-0051　東京都渋谷区千駄ヶ谷5-15-5
DS ビル
電話　出版　03-5379-1244
　　　営業　03-5379-1238

Printed in Japan

印刷・製本　東港出版印刷

© *Katsuhiko Watanabe 2021*　URL https://www.juse-p.co.jp/
ISBN 978-4-8171-9727-6